活立木生理干燥基础理论与技术

王　哲　王喜明　周志新◎著

中国林業出版社

内 容 简 介

本书通过对新疆杨进行边材切断处理，切断其自根部的水分来源，同时对其进行保留树冠、移除树冠、垂直放置、倾斜45°放置和平躺放置等几种处理，测定了不同处理后新疆杨的含水率、树叶蒸腾特性变化情况，水分横向弛豫时间特性、水分存在状态及变化以及水相关孔隙结构及变化情况，分析了树干边材水分散失的主要动力，影响水分散失的影响因素，并通过分析生理干燥过程中水分状态及水相关孔隙结构变化情况，探讨了水分迁移规律，最后提出了杨树活立木生理干燥过程中水分传输和散失的机理。本书利用树木蒸腾作用这一生理特性，提出的基于蒸腾作用降低木材水分的预干燥技术——生理干燥，对降低干燥能耗具有重要的理论意义和现实意义。

图书在版编目(CIP)数据

活立木生理干燥基础理论与技术 / 王哲，王喜明，周志新著. —北京：中国林业出版社，2021.6
ISBN 978-7-5219-1159-6

Ⅰ. ①活… Ⅱ. ①王… ②王… ③周… Ⅲ. ①杨树-立木-木材干燥-研究 Ⅳ. ①S782.31

中国版本图书馆CIP数据核字(2021)第094195号

中国林业出版社·建筑家居分社

策划、责任编辑： 陈 惠

电　　话：(010)83143614

出版发行： 中国林业出版社(100009 北京市西城区刘海胡同7号)
网　　站： http://www.forestry.gov.cn/lycb.html
印　　刷： 中林科印文化发展(北京)有限公司
版　　次： 2021年6月第1版
印　　次： 2021年6月第1次
开　　本： 1/16
印　　张： 6.5
字　　数： 200千字
定　　价： 48.00元

本书可按需印刷，如有需要请联系我社。

前　言

木材是一种天然多孔高分子复合材料，具有可再生、可循环利用、高强重比、纹理优美、颜色舒适以及良好的声学、电学和热学性能等优点，是一种重要的工程及建筑辅助材料。然而，由于水分存在的关系，木材也存在一些固有的缺陷，如尺寸稳定性差、易腐朽等。这些性质都同木材含水率有密切的关系，因此，使木材含水率控制在适宜范围内，对其加工性能和利用具有十分重要的影响。

木材干燥方法很多，常规蒸汽干燥的能耗非常高，通常占木材加工企业总耗能的70%左右，同时还会排出烟尘、CO_2、SO_2以及NO_2等污染物。因此，从节能及提高热效率角度出发，很多节能型干燥技术不断涌现，如热泵除湿干燥技术、太阳能干燥技术、压缩干燥等，具有热效率高等优点，但同时也存在规模小、干燥时间长、不易控制等缺点，不利于推广。此外，最古老的大气干燥方法，虽然能耗较低，但需要一个月至一年甚至更长的时间，而且需要专门的干燥场所，干燥质量也不易控制，因此，单一应用也较少。可见，单一干燥技术各有优缺点，很难满足对节能、快速且环保的要求，因此，将两种或两种以上的干燥技术优化组合的联合干燥技术是今后干燥技术发展的重点，其中常将大气干燥、太阳能干燥等低耗能干燥技术作为预干燥技术，将较高含水率降低至纤维饱和点附近，然后再进行常规干燥。因此，开发新型低能耗或者零能耗、快速、绿色、无缺陷干燥技术是未来的发展方向和研究热点。

因此，本书从木材水分的来源和树木水分生理特性出发，探讨了基于蒸腾作用降低木材水分的新型零耗能、无缺陷干燥技术——生理干燥，阐述了生理干燥的基本概念、植物水分传输和散失机理的研究现状等理论基础，以及从生理干燥工艺基础、影响因素，生理干燥过程中的水分存在状态、水相关孔隙结构演变规律和栓塞情况探讨生理干燥的水分传输和散失机理。

本书主要包括三部分内容：第一部分为理论基础部分，由第1章构成，主要阐述研究背景和意义，生理干燥的基本概念，植物水分传输和散失的基本原理和研究现状；第二部分为试验研究部分，由第2~6章构成，主要以杨树为例，通过科学试验研究，阐述木质部导水率及栓塞的影响因素，基于蒸腾作用降低立木木材中水分的动力及其影响因素，新疆杨立木放置方式对水分降低及蒸腾作用的影响，水分降低过程中水分存在状态及其变化，水分降低过程中的木材水相关孔隙结构及其变化；第三部分为机理探讨部分，由第7章构成，主要是结合第一部分的基础理论和第二部分试验研究的基础，建立了基于蒸腾作用降低杨树立木木材中水分传输和散失机理。

本书的创新之处主要是提出并测定了木材自由水/结合水的横向弛豫时间截止值$T_{2cutoff}$，通过表面弛豫率ρ计算了微分孔体积分布和对数微分孔体积分布，提出了杨树活立木生理干燥过程中水分传输和散失机理。同时，本书的研究工作也尚存一些不足，今后应开展其他阔叶材以及针叶材树种的生理干燥试验，试验地区也应选择不同的气候类型；应运用新兴的直接可视化观测技术，如高分辨率 CT 技术或核磁共振成像技术进行观测，以更直观地探讨空穴和栓塞的形成机理以及恢复机理等，使生理干燥基础研究更为丰富。

本书的出版得到了国家自然科学基金项目“光—湿—气孔耦合自驱动活立木材干燥的研究（编号：31760186）”、内蒙古农业大学高层次人才引进科研启动项目（编号：NDYB2017-25）、内蒙古自治区“沙生灌木纤维化能源化开发利用”、“草原英才”创新人才团队项目的资助，以及中国林业出版社的大力支持。在此一并表示衷心的感谢！

由于著者水平有限，书中不妥之处在所难免，热忱欢迎广大读者批评指正。

著　者

2021 年 3 月

主要符号解释

符号	解释	符号	解释
μ_w	水的化学势，J/mol	μ_w^*	纯水的化学势，等于0，J/mol
$\bar{V}_w$	偏摩尔体积，m^3/mol	ψ_w	水势，Pa
ψ_s	溶质势，Pa	ψ_p	压力势，Pa
ψ_g	重力势，Pa	ρ_w	水的密度，g/cm^3
ψ_m	衬质势，Pa	c	溶液浓度，mol/L
T	热力学温度，K	R	摩尔气体常数，8.32 J/(mol·K)
i	解离系数，可用渗透度表示，mol/L	E	蒸腾速率或蒸腾强度，g $H_2O/(m^2 \cdot h)$
g_s	气孔导度，mmol $H_2O/(m^2 \cdot s)$	E_a	阿累尼厄斯活化能，kJ/mol
$\psi_{w,r}$	分泌到栓塞的导管或管胞中的溶质的水势，Pa	$\psi_{w,X}$	亚稳定状态水的水势，Pa
P_g	气体压力，Pa	P_0	大气压力，Pa
P_r	溶质内的压力，Pa	T_1	纵向弛豫时间或自旋—晶格弛豫时间，ms
T_2	横向弛豫时间或自旋—自旋弛豫时间，ms	$T_{2cutoff}$	自由水/结合水横向弛豫时间截止值，ms
MC	含水率，%	$W_{initial}$	初始质量，g
W_{dried}	绝干质量，g	VPD	蒸汽压差，kPa
RH	空气相对湿度，%	T_{air}	空气温度，℃
T_{leaf}	叶片温度，℃	E_a	累积蒸腾速率，mmol $H_2O/(m^2 \cdot s)$
R^2	决定系数或拟合优度	P	P值，在一个假设检验问题中，用观察值能够做出拒绝原假设的最小的显著性水平
E_i	第i天蒸腾速率占总累积蒸腾速率的比例，%	$(E_a)_i$	第i天的累积蒸腾速率占总累积蒸腾速率的比例，%
r	相关系数	ΔT	孔隙中的冰晶融化温度下降值，K
T_0	自然水的融化温度，273.15K	$T_m(D)$	孔隙直径为D的孔隙中冰晶的融化温度，K
γ_{ls}	冰—水界面表面能，取12.1mJ/m^2	θ	冰与孔隙壁的接触角，取180°

（续）

D	孔隙直径，m	ρ	可冻结吸着水密度，假设同非吸着水一样，1000 kg/m^3
H_f	可冻结水融化比热，假设同非吸着水一样，333.6J/g	k_{GT}	熔点下降常数
$W_{saturated}$	饱和质量，g	$MC_{saturated}$	饱和含水率，%
W_{final}	实际质量，g	MC_{final}	终含水率，%
τ	90°~180°脉冲延时，ms	NECH	回波个数
P_1	90°脉冲宽度，μs	P_2	180°脉冲宽度，μs
SW	采样频率，kHz	TW	重复采样等待时间，ms
NS	重复采样次数	M	磁化强度，A/m
N	自旋密度，有效氢核数/m^3	γ	旋磁比，rad/(s·T)
h	普朗克常数，(6.62607015×10^{-34} J·s)/2π	I	自旋量子数
H_0	磁场强度，A/m	k	玻尔兹曼常数，1.380649 × 10^{-23} J/K
T	绝对温度，K	α_T	不同温度核磁共振信号量修正系数，270/298
S_{BW}	结合水 T_2 分布谱峰面积	S_{FW}	自由水 T_2 分布谱峰面积
S_T	T_2 分布谱总峰面积	MC_{BW}	结合水含量，% MC
MC_{FW}	自由水含量，% MC	$MC_{samples}$	试样含水率，%
Ω	自由水和结合水的比值	T_{2B}	体弛豫时间，s
T_{2S}	表面弛豫时间，s	T_{2D}	水分子的扩散弛豫时间，s
ρ_2	横向表面弛豫率，nm/ms	ρ_{21}	微米尺度的横向表面弛豫率，取 42.41 nm/ms
ρ_{22}	纳米尺度的横向表面弛豫率，取 1.82 nm/ms	S	孔隙的表面积，m^2
V	孔体积，m^3	S/V	孔隙的比表面积，m^2/m^3
r	孔隙半径，nm	V_c	累积孔体积，cm^3/g
dV/dr	孔径的微分孔体积，cm^3/g	$dV/d\log(r)$	对数微分孔体积，cm^3/g

目　　录

第1章 绪 论

1.1 研究背景与意义

木材是一种天然多孔高分子复合材料，具有可再生、可循环利用、高强重比、纹理优美、颜色舒适以及良好的声学、电学和热学性能等优点(Hill, 2006; Sekha, 2012)，是一种重要的工程及建筑辅助材料。然而，由于水分存在的关系，木材也存在一些固有的缺陷，如尺寸稳定性差、易腐朽等。这些性质都同木材含水率有密切的关系(Glass et al., 2010; Oltean et al., 2007)，因此，使木材含水率控制在适宜范围内，对其加工和利用性能具有十分重要的影响。

木材干燥可以通过控制木材含水率水平，显著改善其加工和利用性能，提高其附加值。木材干燥方法很多，常规蒸汽干燥依然是全世界应用最广的一种干燥方法(Jankowsky et al., 2006)，它具有快速、可控、干燥质量高等优点，然而，常规热力干燥的能耗非常高，通常占木材加工企业总耗能的70%左右(Bergman, 2010; Shmulsky et al., 2011)，热效率较低，同时还会排出烟尘、CO_2、SO_2 以及 NO_2 等污染物(张璧光, 2001)。因此，从节能及提高热效率角度出发，很多节能型干燥技术不断涌现，如热泵除湿干燥技术，其节能率在40%~70%，但干燥温度低、时间长、能耗依然较高等缺点严重制约着该技术的推广应用；太阳能干燥技术是利用自然、清洁、可再生能源——太阳能进行干燥的技术，具有热效率高等优点，但同时也存在规模小、干燥时间长、不易控制等缺点，不利于推广(Jankowsky et al., 2006; 张璧光, 2001)；用于能源木材的压缩干燥(Compression Drying)可以在30 s左右将木材含水率降低至35%左右，具有快速、能耗低等优点，但仅适用于木片等小尺寸木材(Laurila et al., 2014; Liu et al., 1985)。此外，最古老的大气干燥方法，虽然能耗较低，但需要一个月至一年甚至更长的时间，而且需要专门的干燥场所，干燥质量也不易控制(Bergman, 2010; Shmulsky et al., 2011)，因此，单一应用也较少。可见，单一干燥技术各有优缺点，很难满足对节能、快速且环保的要求，因此，将两种或两种以上的干燥技术优化组合的联合干燥技术是今后干燥技术发展的重点，其中常将大气干燥、太阳能干燥等低耗能干燥技术作为预干燥技术，将较高含水率降低至纤维饱和点附近，然后再进行常规干燥。因此，开发新型低能耗或者零能耗、快速、绿色预干燥技术是未来的发展方向和研究热点。

木材中的水分源自树木生长过程中摄取的水分。在树木生长过程中，每产生 1 kg 的干物质，就需要从根部吸收 500 kg 的水分，其中约 97%的水分在蒸腾过程中从树叶蒸发到了大气中(Canny, 1998; Taiz et al., 2006a)，一颗生长中的树木每天大约散失 200~400 L 水(Pallardy, 2008)，且该过程是被动进行的，不需要消耗新陈代谢产生的能量(Taiz et al., 2006b)。因此，是否可以从树木的生理特点出发，利用蒸腾作用实现对树木的零能耗干燥呢？答案是肯定的。因此，本书从木材水分的来源和树木水分生理特性出发，探讨了基于蒸腾作用降低木材水分的新型零耗能、无缺陷干燥技术——生理干燥(Physiological Drying)，阐述了生理干燥的基本概念、植物水分传输和散失机理的研究现状等理论基础，以及从生理干燥工艺基础、影响因素，生理干燥过程中的水分存在状态、水相关孔隙结构演变规律和栓塞情况探讨生理干燥的水分传输和散失机理。

1.2 木材生理干燥

通过截断边材切断根部水分来源后，保留树冠(整树)的新疆杨(阔叶材)的含水率在 10 天左右，含水率由 65%左右快速降至 40%左右，下降了约 25%，而移除树冠的新疆杨，其含水率在相同时间内仅下降了约 4%左右；同样是阔叶材的桉树，在根部截断树干切断根部水分来源后，保留树冠(整树)的桉树含水率在 8 天内下降了 22.25%，而去掉树冠及枝丫的原木含水率仅下降了 6.50%(Visser et al., 1986)。对针叶材而言，在根部截断树干切断根部水分来源后，保留树冠(整树)的火炬松的含水率在 28 天内由 112.77%下降至 75.44%，含水率下降了 37.33%(Cutshall et al., 2013)，相似地，辐射松的含水率在 32 天内也下降了 42.86%(Visser et al., 1986)。可见，在切断根部水分来源后，无论是针叶材还是阔叶材，均可通过树叶蒸腾散失水分，但阔叶材的水分散失速率较快，有效散失时间约为 8~10 天(树叶完全干枯的时间)，而针叶材的水分散失速率较慢，有效散失时间约为 30 天(Visser et al., 1986)。

在通过树叶蒸腾散失水分期间，去树皮的方式并不能加快水分的散失速率。去树皮的新疆杨含水率在 10 天内下降了 20.22%(表 1-1)，与不去树皮的结果(21.59%)相近，同样的，去树皮和不去树皮的桉树含水率在 8 天内分别下降了 29.87%和 28.21%(Visser et al., 1986)，非常接近；而在相同时间内，原木是否去树皮对含水率的下降有着明显的影响，去掉树皮的桉树原木在 8 天内含水率下降了 19.05%，不去树皮的原木的含水率仅下降了 6.38%(Visser et al., 1986)。可见，树干通过树叶蒸腾散失水分的机理与原木自然干燥散失水分的机理是不同的。

通过上述分析，可见通过树叶蒸腾作用对树干进行干燥是完全可行，而且其水分散失机理与原木自然干燥的水分散失机理并不完全相同。因此，本书将生理干燥定义为：树木切断根部水分来源后，利用未干枯树叶蒸腾作用散失水分实现树干干燥的一种技术。当树叶完全干枯后，树叶不能再进行蒸腾作用，此后保留树冠的树木的水分散失应通过自然干燥进行，该种方式的干燥速率仍比原木自然干燥的速率要快，如桉树或辐射松在 8 天或 30 天之后的整树干燥速率明显高于原木干燥速率(表 1-1)，因此，将树叶完全干枯后，仍保留树冠(整树)进行干燥的方法称为整树自然干燥(Whole-tree natural drying)，将生理干燥和整树自然干燥统称为整树干燥 (Whole-tree drying)。

表 1-1 生理干燥试验数据及有关整树干燥文献数据

来源	试验材料						试验方法			试验结果		
	树种	样本数	树龄 /a	胸径 /cm	树高 /m	冠幅 /m	处理方法	试验月份	处理天数	初含水率 /%	终含水率 /%	含水率变化 /%
试验	新疆杨 *Populus alba* L.	2	10	12.24	13.76	1.37	切断边材；移除树冠；树干直立	6—7	9	69.34	65.45	3.89
周志新，2014；周志新等，2016	新疆杨 *Populus alba* L.	1	9	14.86	14.91	1.99	切断边材；移除树冠；树干直立	7—8	36	69.00	70.88 $(65.19)_{10}$	−1.88 (3.81)
试验	新疆杨 *Populus alba* L.	2	10	14.56	14.47	1.44	切断边材；树干直立	6—7	9	60.54	41.32	19.22
试验	新疆杨 *Populus alba* L.	1	10	13.53	14.15	1.62	切断边材；树干直立	6—7	9	46.40	36.32	10.08
周志新，2014；周志新等，2016	新疆杨 *Populus alba* L.	1	9	15.10	15.08	2.14	切断边材；树干直立	7—8	36	65.18	41.64 $(43.59)_{10}$	23.54 (21.59)
周志新，2014；周志新等，2016	新疆杨 *Populus alba* L.	1	9	14.17	14.97	1.96	切断边材；0~6 m 剥皮	7—8	36	56.06	25.31 $(35.84)_{10}$	30.75 $(20.22)_{10}$
Cutshall et al., 2013；Greene et al., 2014	火炬松 *Pinus taeda* L.	—	14	—	—	—	截断树干；树干平躺	—	28/56	112.77	$(75.44)_{28}$ $(63.93)_{56}$	$(37.33)_{28}$ $(48.84)_{56}$
Klepac et al., 2014	火炬松 *Pinus taeda* L.	—	14	—	—	—	截断树干；树干平躺；堆垛大小不同	8—10	70(大堆) 72(小堆)	140.38	$(64.74)_{\text{大堆}}$ $(34.41)_{\text{小堆}}$	$(75.65)_{\text{大堆}}$ $(105.97)_{\text{小堆}}$
Klepac et al., 2008	火炬松 *Pinus taeda* L.	15	—	14.05	14.48	—	截断树干；树干平躺；干燥季节不同	夏 4—9 秋 10—1 冬 1—3	夏 140 秋 104 冬 63	$(107.04)_{\text{夏季}}$ $(130.95)_{\text{秋季}}$ $(95.69)_{\text{冬季}}$	$(30.04)_{\text{夏季}}$ $(66.94)_{\text{秋季}}$ $(53.37)_{\text{冬季}}$	$(77.00)_{\text{夏季}}$ $(64.01)_{\text{秋季}}$ $(42.32)_{\text{冬季}}$
Visser et al., 1986	辐射松 *Pinus radiata*	—	19	—	—	—	截断树干；树干平躺；保留或移除树冠	夏 1—3	55	—	—	$(62.87)_{\text{整树}}$ $(42.86)_{\text{整树32}}$ $(12.61)_{\text{原木}}$
	桉树 *Eucalyptus cladocalyx*	—	—	—	—	—		春 10—11 秋 3—5 冬 8—9	55	—	—	$(56.25)_{\text{整树}}$ $(26.58)_{\text{原木}}$ $(22.25)_{\text{整树8}}$ $(6.50)_{\text{原木8}}$

注：含水率为干基含水率，且均为平均值；数字下角标表示干燥天数。

从表 1-1 可以看出，生理干燥仅可以获得 40%（阔叶材）或 70%（针叶材）左右的终含水率，整树干燥在合适的环境条件和干燥时间下可以获得更低的含水率，特别是对针叶材而言。可见，生理干燥并不能实现完全干燥，但该含水率完全可以满足运输、能源木材和预干燥处理的需要，因此，在实践应用中，根据干燥目的的不同，选用不同的干燥技术或相结合的方式进行干燥，以提高干燥效率或降低干燥能耗，如用于能源材的干燥，可以选用生理干燥或整树干燥，用于降低运输成本仅选用生理干燥就可快速实现目的，而要对树木进行完全干燥时，可以选用生理干燥或整树干燥进行短时快速预干燥处理，然后通过窑干或除湿干燥等干燥技术将原木含水率干至目标含水率，这种联合干燥技术可以有效降低能耗，而且生理干燥可以有效改善木材的卷曲或蓝变等缺陷（Visser et al.，1986）。此外，通过研究生理干燥过程中的水分移动和散失机理，对深入理解植物生理过程中水分的传输和散失机理，以及植物叶片对水分胁迫的应答机制具有重要的理论意义。因此，生理干燥过程中水分传输和散失机理的研究具有重要的理论和实践意义。

1.3 基于蒸腾作用降低木材水分的理论基础及研究现状

1.3.1 水分与植物生理

水是生命的源泉，是植物重要的生存条件之一。植物的一切正常生命活动都只有在水环境中才能进行，否则植物的生长发育就会受到阻碍，直至死亡。一方面，植物从环境（土壤和大气）中不断地吸取水分，以保持其正常的含水量，参与各项生理代谢活动；另一方面，植物所吸收的绝大多数水分主要通过蒸腾作用以水蒸气形式散失到大气中，并通过这一生理过程发挥其生物学功能，如促进植物对土壤矿质元素的吸收和运输，促进体内有机物的运输等。可见，植物的正常生命活动就是建立在对水分不断地吸收、运输、利用和散失的过程之中。

水分子因独特的结构和局部电荷分布而具有极性，易形成氢键（Hydrogen bond），因此使水成为一种非常出色的溶剂；并且具有较高的比热（Specific heat）和高汽化潜热（Latent heat of vaporization）；大量存在的氢键还使水分子间具有较强的内聚力（Cohesion），水分子与固相之间存在黏附力（Adhesion），进而具有较大的表面张力（Surface tension）而出现毛细管凝聚现象（Capillarity）。这些特性使水分称为植物生命活动的重要介质，与其生理生态作用以及体内水分的代谢变化均有密切的关系（Taiz et al.，2006a；李合生，2012b）。

水分在植物体内的生理作用与其含量和存在状态相关。水分含量通常占组织鲜重的 65%~90%，但其含量并非一成不变，而是随着外界环境条件和植物种类的不同而有所差异。植物体内的水分一般有两种存在状态：一是束缚水（Bond water），即被植物细胞的胶体颗粒或渗透物质亲水基团（—COOH、—OH、—NH_2）吸引、紧紧束缚在其周围而不能自由移动的水分，该部分水不能作为溶剂参与植物的生理、生化过程；二是自由水（Free water），即没有被胶体颗粒或渗透物质亲水基团吸引或弱吸引的可以自由移动的水分，该部分水具有溶剂作用，可直接参与植物的生理过程和生化反应。这两种水分的划分并不固定，且含量也会随植物或细胞环境的变化而变化。自由水/束缚水的比值可在一定程度上反映植物生理状态，该比值较高时，植物的代谢活性较高，生长发育较快，抗逆性差；反之，代谢活性较低，生长发育缓慢，抗逆性强(李合生，2012b)。

水分在植物体内的移动方向和参与生化反应的能力可以根据水的化学势(μ_w)来判断。植物体内，水分会自发地从μ_w高的区域移动到μ_w低的区域；反之，则必须由外界提供至少($\mu_{w高}-\mu_{w低}$)的能量才能使水分发生转移。同其他热力学量一样，水的化学势也用其相对值($\Delta\mu_w=\mu_w-\mu_w^*$)来表示，即一定条件下水的化学势与相同条件下纯水的化学势($\mu_w^*=0$)的差值。在植物水分生理中，为了凸显水的化学势的物理意义，通常将水的化学势除以其偏摩尔体积($\bar{V}_w$)，即单位体积水分的自由能(J/m^3)，该单位和压力的单位(Pa)一致，这也就是植物生理学中常用的水势(Water potential)的概念(Pallardy，2008；李合生，2012b)。可用式(1-1)表示：

$$\psi_w=\frac{\mu_w-\mu_w^*}{\bar{V}_w}=\frac{\Delta\mu_w}{\bar{V}_w} \tag{1-1}$$

式中：ψ_w——水势，Pa；

μ_w——水的化学势，J/mol；

μ_w^*——纯水的化学势，等于0，J/mol；

$\bar{V}_w$——偏摩尔体积，m^3/mol。

一般认为，植物细胞的水势组成为：

$$\psi_w=\psi_s+\psi_p+\psi_g+\psi_m \tag{1-2}$$

$$\psi_s=-icRT \tag{1-3}$$

式中：ψ_s——溶质势(Solute potential)或渗透势(Osmotic potential)，取决于溶液中溶质分子或离子的数量，可根据范特霍夫方程(1-3)估算；

ψ_p——压力势(Pressure potential)，为溶液的静压力，正压力增加水势，反之降低水势，通常组织的膨胀压(Turgor pressure)为正值，木质部或细胞壁间产生的张力(Tension)或负静压力(Negative hydrostatic pressure)为负值；

ψ_g——重力势(Gravitational potential)，与水的密度(ρ_w)和距离参考水面的高度(h)有关，水每增加10 m的高度，水势会增加0.1 MPa，因此，在细胞水平研究水分传输时可忽略不计；

ψ_m——衬质势(Matrix potential)，是液泡未形成前细胞胶体物质亲水性和毛细管对自由水的束缚而引起的水势降低，液泡形成后，ψ_m趋于0，计算时一般忽略不计(Pallardy，2008；Taiz et al.，2006a；李合生，2012b)。

c——溶液浓度，mol/L；

T——热力学温度，K；

R——摩尔气体常数，8.32 J/(mol·K)；

i——解离系数，可用渗透度表示，mol/L。

$$\psi_g=\rho_w gh \tag{1-4}$$

水势差不仅决定水分移动的方向，而且影响水分移动的速度。细胞间的水势差，即水势梯度(Waterpotential gradient)越大，水分移动速度就越快；反之则越慢。当多个细胞连在一起时，如一排薄壁细胞间的水分移动方向，也完全由它们之间的水势差决定。

植物细胞的水势变化很大，不同器官或同一器官不同部位的细胞水势大小不同，而且环境条件对水势的影响也很大。一般而言，在同一株植物上，地上器官和组织的水势比地下组织的水势低，生殖器官的水势更低；对叶片而言，细胞距叶脉越远，其水势就越低。这些水势差异对水分进入植物体内和在体内的移动有着重要的意义。

1.3.2 植物体内水分传输的途径

植物体内的水分主要由根部从土壤中吸收，然后经由茎(木质部)传输到叶子以及其他器官。水分在植物体内的完整传输途径(李合生，2012b)为：土壤水→根毛→根皮层→根中柱鞘→跟导管→茎导管→叶柄导管→叶脉导管→叶肉细胞→叶肉细胞间隙→气孔下腔→气孔→以水蒸气的形式散失到大气中(图 1-1)。水分在植物体内的传输，总是从水势高的区域传向水势低的区域。植物体不同位置的水势及组成如图 1-2 所示。

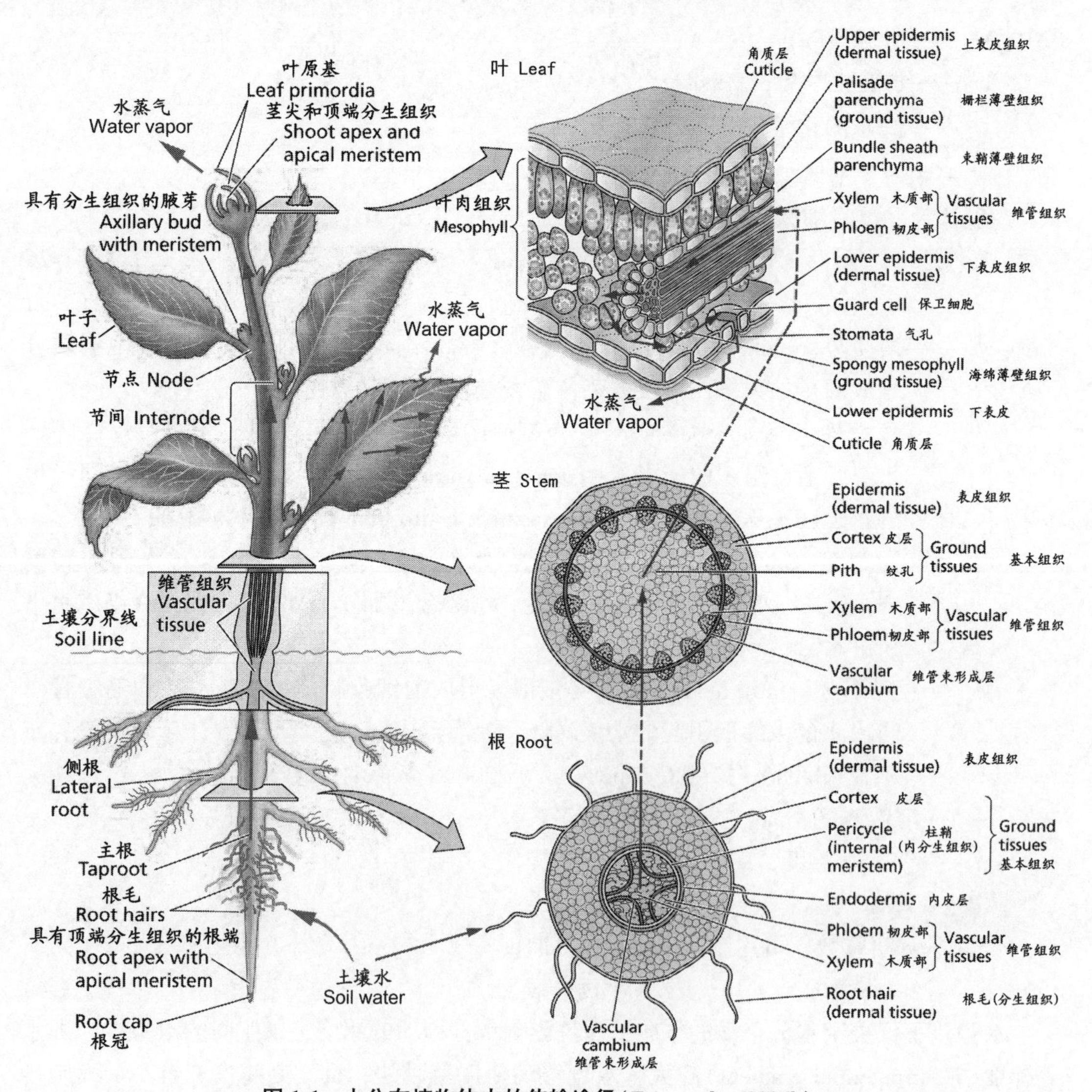

图 1-1 水分在植物体内的传输途径(Taiz et al.，2006b)

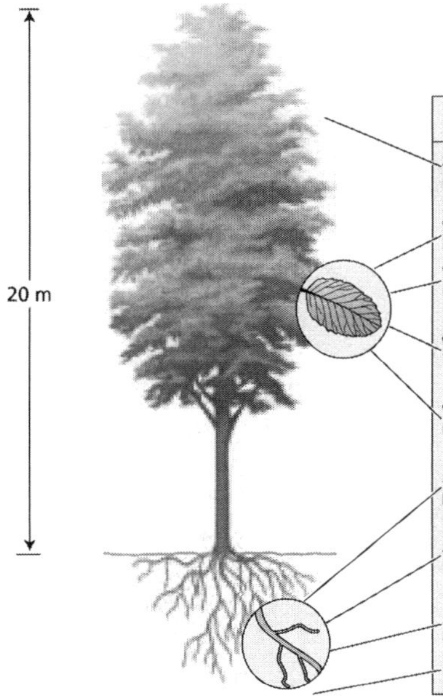

20 m

位置 Location	水势及其组成/MPa Water potential and its components (MPa)				
	水势 Water potential (Ψ_w)	压力势 Pressure (Ψ_p)	溶质势 Osmotic potential (Ψ_s)	重力势 Gravity (Ψ_g)	空气中的水势 Water potential in gas phase $\left(\frac{RT}{\bar{V}_w}\ln[RH]\right)$
外界环境(RH=50%) Outside air (RH=50%)	−95.2				−95.2
叶内气体区域 Leaf internal air space	−0.8				−0.8
叶肉细胞壁(10 m处) Cell wall of mesophyll (at 10 m)	−0.8	−0.7	−0.2	0.1	
叶肉细胞液泡(10 m处) Vacuole of mesophyll (at 10 m)	−0.8	0.2	−1.1	0.1	
叶木质部(10 m处) Leaf xylem (at 10 m)	−0.8	−0.8	−0.1	0.1	
根木质部(近地表) Root xylem (near surface)	−0.6	−0.5	−0.1	0.0	
根细胞液泡(近地表) Root cell vacuole (near surface)	−0.6	0.5	−1.1	0.0	
土壤(近根处) Soil adjacent to root	−0.5	−0.4	−0.1	0.0	
土壤(距根10 mm处) Soil (10 mm from root)	−0.3	−0.2	−0.1	0.0	

图 1-2 水分从土壤传输至大气过程中不同位置的典型水势及其组成(Taiz et al., 2006b)

植物体的水分运动，在不同部位采取不同的方式。水在植物体中的运动以集流(Mass flow or Bulk flow，液体中大量分子在压力差作用下成群的集体运动)方式进行，而从叶片向大气运动时则以水蒸气扩散的方式进行，水分进入植物体和细胞时还要涉及跨膜的渗透方式和通过水孔蛋白(Aquaprin)的微集流方式。因此，水分从土壤经植物体到大气的运动过程需要经历扩散、集流、渗透等过程，每个过程的驱动力都有所不同。

1.3.3 蒸腾作用

蒸腾作用(Transpiration)即植物通过水分散失使体内水分平衡的现象。常用蒸腾速率或蒸腾强度(Transpiration rate)来定量表征蒸腾作用的大小，即单位叶面积单位时间内通过蒸腾作用散失的水分总量，一般用 g H_2O/(m · h)表示。多数植物白天的蒸腾速率为 15~250 g H_2O/(m · h)，夜间为 1~20 g H_2O/(m · h)(李合生，2012b)。

根据水分散失位置的不同，一般将蒸腾作用分为气孔蒸腾(Stomatal transpiration)和角质层蒸腾(Cuticular transpiration)以及皮孔蒸腾(Lenticular transpiration)。其中，90%~95%的水分通过气孔蒸腾作用散失，仅有 5%~10%的水分通过角质层蒸腾散失，不过，在干旱条件下，当叶孔关闭以阻止气孔蒸腾作用时，角质层蒸腾作用就会变得非常显著(Hopkins et al., 2008)，皮孔蒸腾在整个蒸腾作用中影响很小(Pieniazek, 1944)。因此，植物叶片蒸腾的最主要形式还是气孔蒸腾。

气孔(Stomata)是植物叶表皮组织上的两个保卫细胞(Guard cell)所围成的一个小孔，是植物叶片同周围环境进行气体(O_2、CO_2 和水蒸气)交换的主要通道(图 1-3)。保卫细胞的结构差异较大，但主要有两种类型，即肾形[图 1-3(a)]和哑铃形[图 1-3(b)]保卫细胞。在保卫细胞周围还存在副卫细胞[图 1-3(b)]等邻近细胞，通常将保卫细胞、副卫细胞等邻近细胞以及保卫细胞所围成的小孔成为气孔复合体[Stomatal complex，图 1-3(b)](李合生，2012b)。

气孔的大小、数目和分布因植物种类的不同而不同，大多数植物叶子的上、下表皮都存在气孔，只是根据植物类型的不同而有所差异；有些植物(如木本植物等)却只在下表皮上存在气孔；也有些植物的气孔仅分布在叶子的上表皮，如水生植物等(李合生，2012b)。气孔蒸腾时，水分是通过气孔散失到空气中，因此，气孔的数目、大小和分布会直接影响蒸腾作用的大小。一般用气孔导度(Stomatal conductance)，即单位时间内单位叶面积散失的水蒸气的量来描述气孔开度的大小。气孔导度对光照、相对湿度、CO_2 浓度、叶片温度以及干旱胁迫等环境因素(Collatz et al.，1991)，以及植物激素(李合生，2012b)都很敏感。因此，这些因素对蒸腾作用也都存在不同程度的影响。

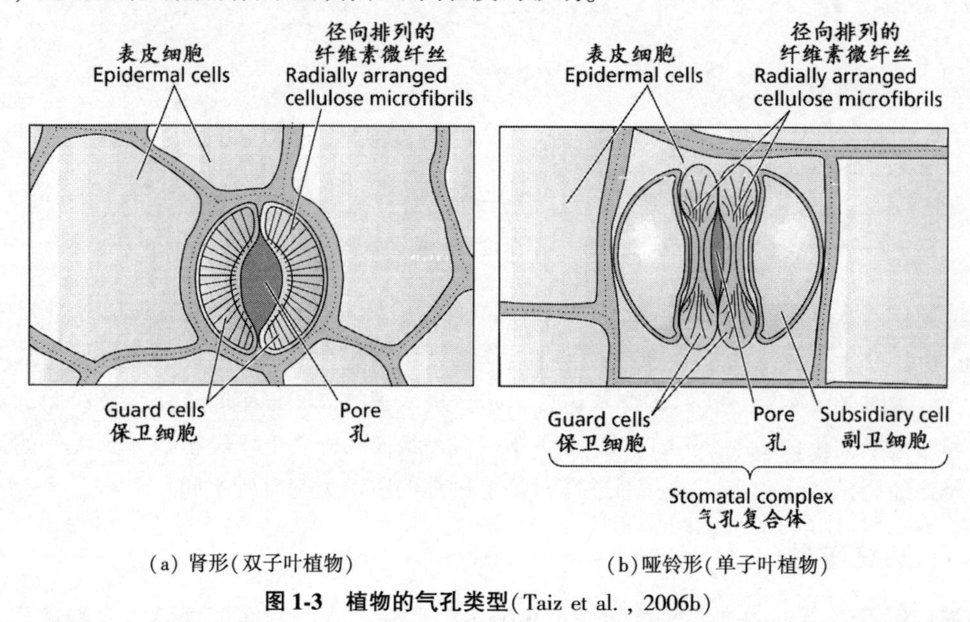

(a) 肾形(双子叶植物)　　(b) 哑铃形(单子叶植物)

图 1-3　植物的气孔类型(Taiz et al.，2006b)

1.3.4　叶内水分的蒸发

树木通过蒸腾作用的水分散失，主要是在叶片上蒸发为水蒸气完成的，而且，几乎所有的水分都是在叶内蒸发为水蒸气，通过气孔散失到大气中的，只有一小部分是通过表皮细胞直接蒸发到大气中的。那么，叶内水分是在哪里蒸发为水蒸气的呢?

很多理论模型都支持 Tanton 和 Crowdy(1972)提出的假说，即大部分水分都是从离气孔(Stomatal pore)最近的细胞蒸发的。Cowan(1977)通过试验测得 77%的蒸发量来自保卫细胞(Guard cell)、副卫细胞(Subsidiary cells)和毗邻叶孔的表皮细胞(Epidermal cell)，Tyree 等(1980)学者通过建立同时考虑热质转移的数学模型预测气孔附近细胞的蒸发量为 60%~80%，然而，Meidner(1976)用按比例放大的气孔下腔室(Substomatal cavity)物理模型测得距气孔最近区域的蒸发量占总蒸发量的 37%，而 Boyer(1985)建议水分蒸发自邻近维管系统(Vascular tissue)的区域(图 1-4)。而内角质层(Interior cuticle)的相继发现(Appleby et al.，1983；Norris et al.，1968；Wullschleger et al.，1989)，尤其是表皮细胞内壁上角质层的发现(Pesacreta et al., 1999)，严重挑战着水分从离气孔最近细胞蒸发的假说，因为这些内角质层的组成和外角质层相似，对水分散失具有阻碍作用。因此，如果这样的内角质层被普遍发现，则大量的水分蒸发可能发生于叶肉细胞。

可见，叶内水分的蒸发位点可能有三种情况，即暴露在内部气体空间的所有叶肉细胞和表皮细胞，气孔下腔室周围的叶肉细胞和表皮细胞以及大部分蒸发自气孔周围区域，其他蒸发自下气孔室周围的叶肉细胞和表皮细胞。

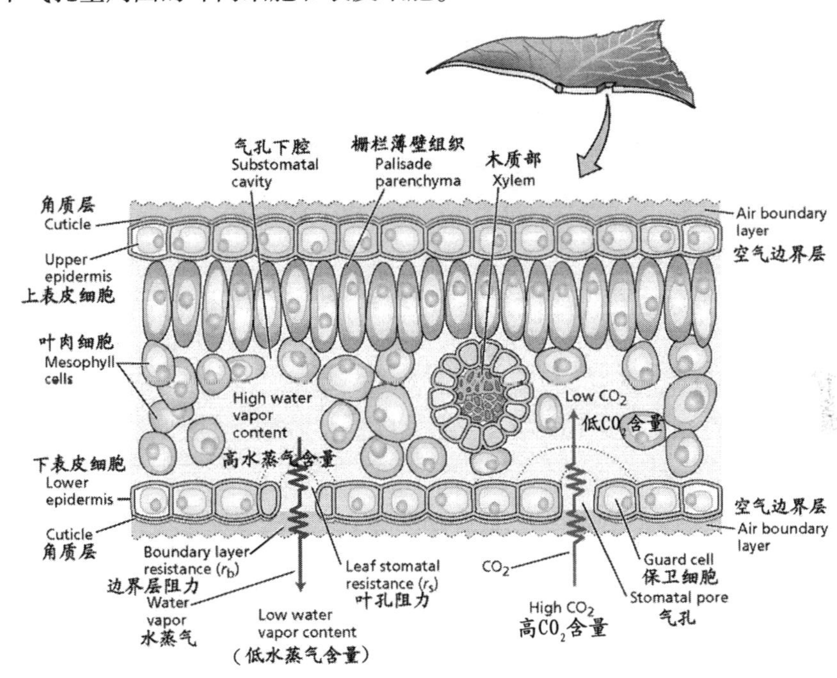

图 1-4 叶片内部结构(Taiz et al., 2006b)

1.3.5 植物体内水分的传输

1.3.5.1 叶内水分的传输

基于拓展的内聚力—张力学说(Cohesion-tension theory)，人们一般认为水分沿细胞壁从木质部(Xylem)进入叶肉细胞(Mesophyll)(图 1-4)，即质外体传输途径(Apoplastic pathway，图 1-5)。叶肉细胞虽然浸润在水分中，水分一般不通过质膜(Plasma membrane)进行传输，除非需要调整压力时，水分以扩散的形式通过质膜进行传递(Dainty，1976)，但是试验得到的扩散系数却非常高(House，1974)。Canny 等(1986)学者后来用荧光染料染色的方法证实了水分的质外体传输途径，发现水分沿着束内鞘状细胞壁(Mestome sheath cells，紧邻木质部导管的最外层小细胞)中的纳米级通道传向薄壁鞘状细胞壁(Parenchyma sheath cells，包裹维管组织和束内鞘状细胞的细胞)，不过，水分并没有继续传导，他们假设这可能是水分在束内鞘状细胞和薄壁鞘状细胞交接处通过质膜进入了共质体(Symplasm)(Canny，1988；Canny，1990)，束内鞘状细胞上大量液泡膜水孔蛋白(Aquaprin)的发现(Frangne et al.，2001)支持了该观点。

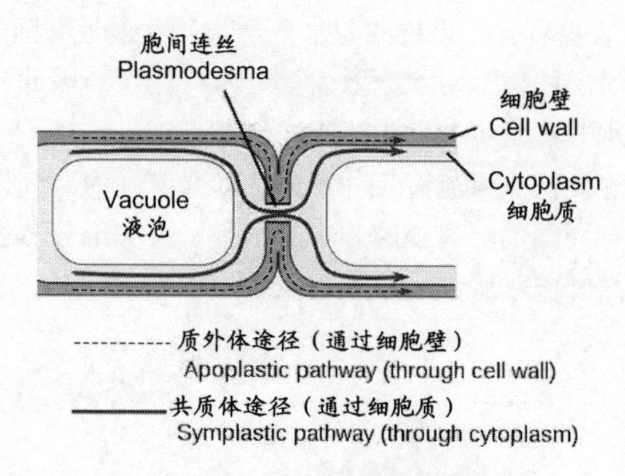

图 1-5　水分在细胞间的传输

水分在磷脂双分子层(Lipid bilayer)中通过水孔蛋白传输只需要较低的阿累尼厄斯活化能(Arrhenius activation energy, $E_a = 17 \sim 25$ kJ/mol，与在自由水中移动相似，而没有水孔蛋白时，$E_a = 46 \sim 63$ kJ/mol，而且具有水孔蛋白的磷脂双分子层的渗透速率很高，约为 $10^{-4} \sim 10^{-3}$ m/s，没有水孔蛋白时，一般为 10^{-5} m/s)(Tyerman et al.，1999)，有的学者认为水分是以单分子形式依次(Schaffner，1998)通过水孔蛋白的(图 1-6)，而且在干旱或水分过多条件下会关闭(Tornroth-Horsefield et al.，2006)以调节水分平衡(图 1-6)，也有可能是以努森扩散(Knudsen diffusion)的形式进行传导(Reinecke et al.，2002)，即在密度(浓度)梯度作用下进行传导。

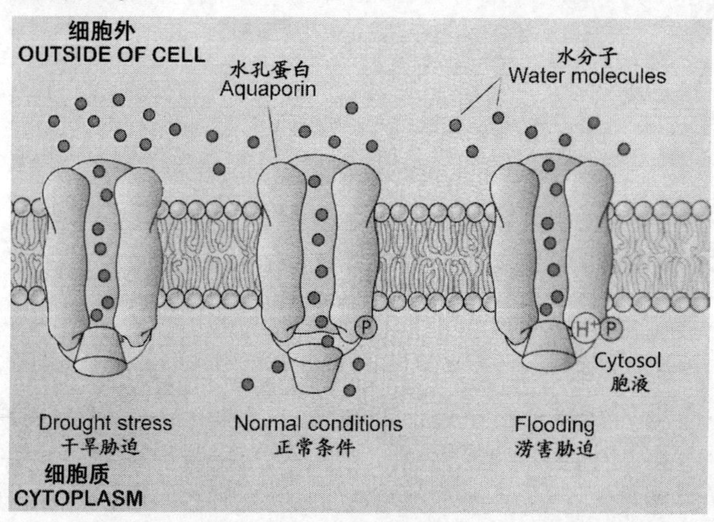

图 1-6　水分在水孔蛋白中的传导(Taiz et al.，2006a)

水分在细胞间传导的另一种可能途径是，通过细胞间连接原生质的胞间连丝(Plasmodesmata)进行传导。有学者发现在胞间连丝的结构中有一些裂隙通道(Ding et al.，1992)，这些通道的直径估计约为 4 nm(Fisher，1999)，每个胞间连丝结构中约有 8~10 个这样的通道(Ding et al.，1992)。然而，水分是否能够通过如此细小的通道在细胞间传输 0.4 μm 的距离是具有争议的，有学者指出与该通道直径相比，水分子的直径(约 0.26 nm)显得很大，这样对扩散和对流问题的传统处理方法是否适用将成为问题(Tyree，1970)，如泊肃叶定律(Poiseuille’s law)中处理管道中层流问题的方法，从而认为水分通过胞间连丝的共质体传输是微不足道的(Fricke，2000)。

因此，水分在叶内可能的传输路径有三种：通过胞间连丝的共质体传输途径，通过水孔蛋白的跨细胞传输途径和通过未栓化细胞壁的质外体传输途径。关于哪种方式是水分在叶内的主要传输方式一直存在争论，而且这三种可能的传输方式会因树种或组织的不同而有所差异(Steudle et al.，1993)。

1.3.5.2 木质部内水分的长距离传输

对大多数植物而言，木质部所占的比例最大，组成了水分从根部向叶子运输的重要通道，尤其是对高大的树木而言，水分在木质部的运输显得尤为重要。因此，国内外学者对植物体内水分的长距离运输机理进行了大量研究，但目前仍没有一个完美的理论。

相对于水分在活细胞内的传输，木质部中水分的传输相对比较简单，但其对植物水分平衡、调节光合作用(Tyree et al.，1991)、适应环境变化(Mencuccini，2003)以及树高极限(Ryan et al.，2006)都有很重要的影响。在木质部中，传导水分的组织主要有两种类型，即管胞和导管。它们独特的解剖结构(图1-7)，使其具有传输大量水分的能力，且具有较高的效率(Taiz et al.，2006b)。由Böhm(1893)和Dixon、Joly(1894)提出的内聚力—张力学说是目前被广泛接受的用于解释植物体中水分的长距离运输机理。

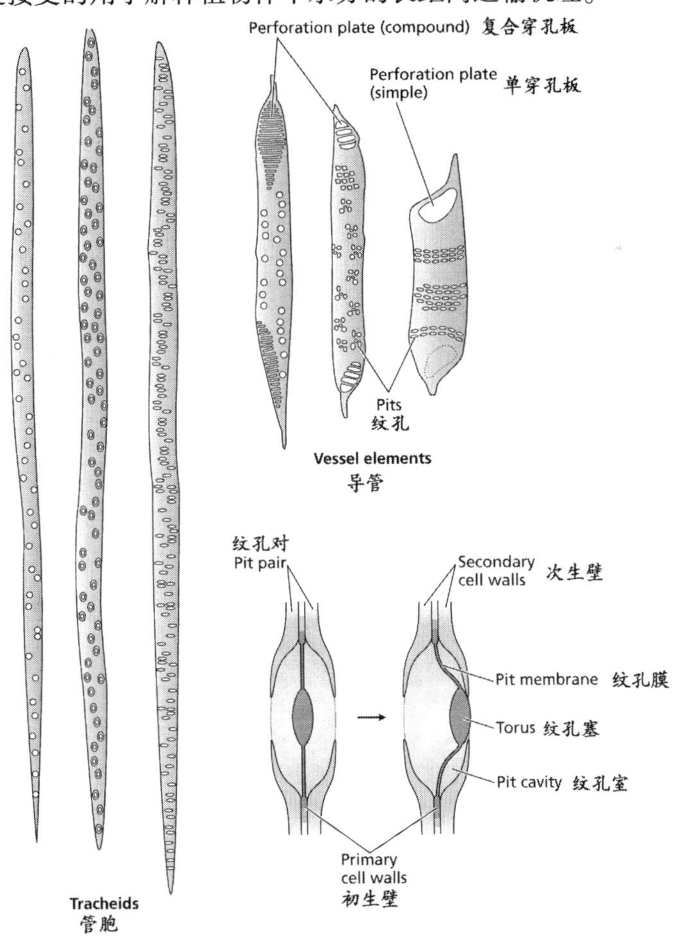

图1-7 管胞和导管的解剖结构示意图(Taiz et al.，2006b)

内聚力—张力学说是基于水特有的物理性质而建立的。水分从叶片气孔下腔室细胞壁形成的水膜上蒸发(图 1-8B)，内聚力会使水分产生一个向细胞壁弯曲的水分—空气界面(图 1-8D、E)，由于水分具有较高的表面张力，该水分—空气界面就会产生一个张力或负压，在此负压驱动下，使水分从根部沿木质部维管系统传输到叶片，就像一个精密的毛细吸液芯系统(Kim et al.，2014)。其主要的几个假设是，根部到叶子的木质部导管中的水柱是连续的；叶肉细胞细胞壁上水分—空气界面产生的负压或张力和水分子之间的内聚力使水柱得以固定；树叶蒸腾使木质部中的水分散失，进而促使根部吸收水分，即蒸腾产生的拉力或张力是沿连续水柱传递到根部的(Cochard et al.，2000)。

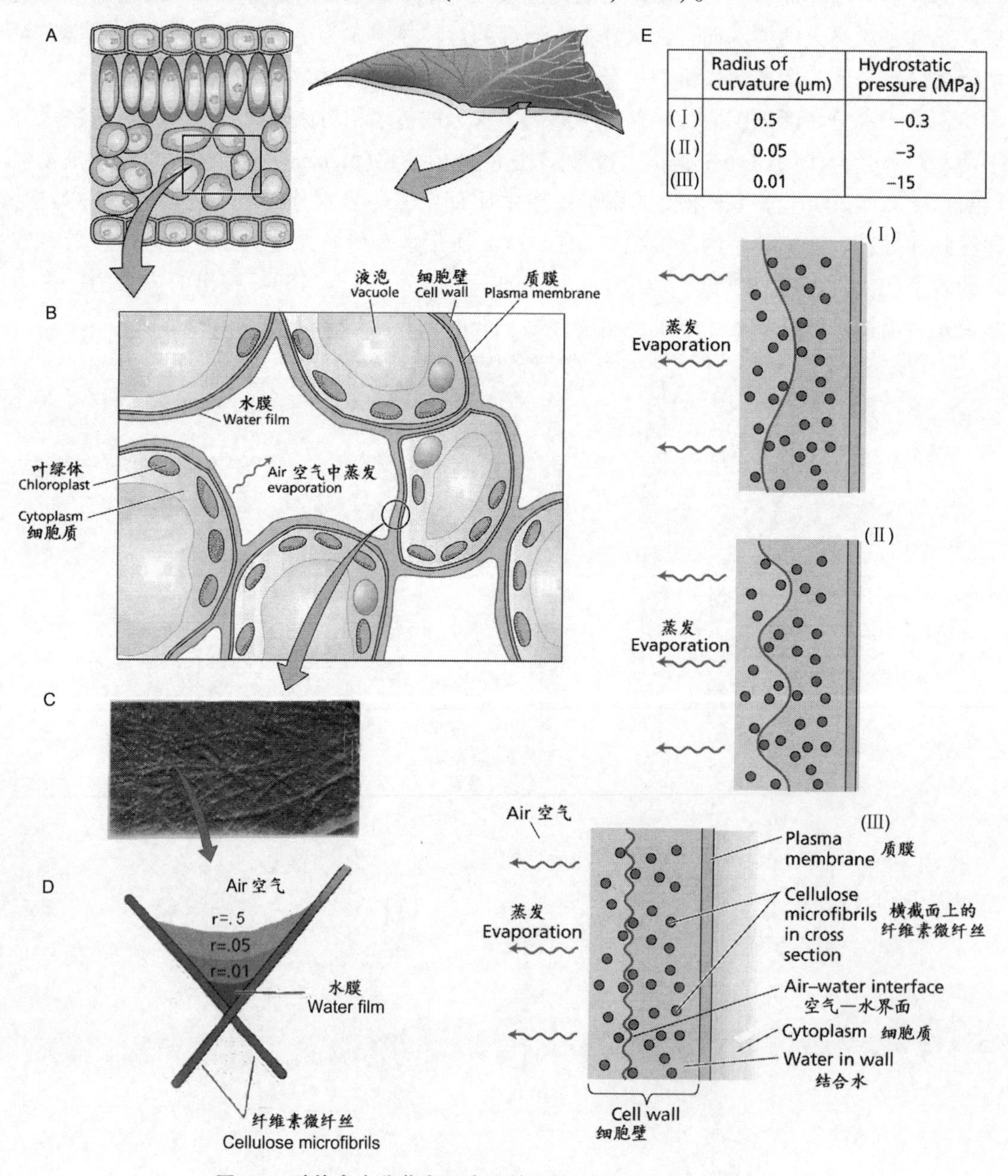

	Radius of curvature (μm)	Hydrostatic pressure (MPa)
(Ⅰ)	0.5	–0.3
(Ⅱ)	0.05	–3
(Ⅲ)	0.01	–15

图 1-8　叶片内水分蒸发而产生的驱动力(Taiz et al.，2006b)

内聚力—张力学说虽然被广泛采纳，但也存在很多争论。根据该学说，木质部需要承受很大的负压(几个兆帕)，才能完成运输。木质部中是否存在如此巨大的负压一直备受争议，早期人们采用蒸腾计和真空泵模拟蒸腾的方法以及改良的压力室技术等证明木质部中存在C-T学说预测的负压(Scholander et al.，1965)，因此该学说被广泛接受。而近年来发展的木质部压力探针技术(Xylem pressure probe，XPP)所测得的压力一般为-0.6~0.7 MPa，并没有测到很大的负压(Balling et al.，1990；Wei et al.，1999)。此外，关于水柱连续的假设也备受质疑，Preston的“交叉切割”试验证实木质部中的水分运输并不需要连续的水柱，笔者前期试验结果(周志新，2014)也表明，切断水分来源后，在叶子死亡期间，树干的含水率快速下降，也说明木质部中的水分运输并不需要连续的水柱。因此，Canny等(1998)提出了“补偿压学说(Compensating-Pressure Theory)”，认为木质部周围活细胞内的膨压产生对木质部的组织压(Tissue pressure)，将这些组织压的和称为补偿压，这样就可以使C-T学说在较低的负压下进行。然而，该学说也面临一些严重的质疑和不太恰当的评论。Zimmermann等(2004)也认为木质部中并不存在很大的负压，但也对补偿压学说有一些热力学问题上的质疑，并提出了“多驱动力学说(Multi-Force Theory)”或“水门学说(Watergate Theory)”，木质部中的水分在蒸腾拉力、细胞渗透压、压力流假说(Münch Flow)、木质部渗透压、蛋白质和黏液等物质形成的稳定的液体静压、反向蒸腾(Reverse transpiration)、界面张力、电动力、菌根力和毛细管力共同作用下逐级向上传输。

1.3.5.3 木质部中水分的空穴化、栓塞及修复

任何处于过热(Superheat)或低于饱和蒸汽压状态的液体都处于亚稳定状态，最终都会通过气泡成核(空穴化，Cavitation)达到平衡状态(Caupin et al.，2006)。根据C-T学说，木质部的水分在很大的负压或张力(2 MPa，室温下水的饱和蒸汽压为2 kPa)(Zimmermann et al.，2004)下传输，因此，水分处于亚稳定状态，尤其在水分胁迫或冻融过程中(Meinzer et al.，2001)，很容易在木质部导管中形成空穴，即形成一个快速扩张的真空区域(气泡)。如果这些区域很快被水蒸气或空气填充，就会形成栓塞(Embolism)，这样就会破坏连续水柱的完整性，影响木质部水分的传输(Cochard et al.，2013)，而且，叶柄木质部更容易受到空穴化的影响(Bucci et al.，2012)。

木质部虽然经常呈现一定的空穴化，但其并不影响水分的传输(Wagner et al.，2000)，只有比较严重或发展为栓塞时，才会影响水分的传输，但在一定程度上，植物是可以自行修复的，如白天造成的传导率降低可以在晚上得到恢复(Zufferey et al.，2011；Zwieniecki et al.，1998)。很多学者认为根压、木质部产生的正压以及韧皮部产生的正压是使栓塞恢复的动力(Tyree et al.，2002)，然而，根压是有限的，一般为0.1~0.2 MPa(Fisher et al.，1997)，因此，其用来解释晚间小型植物在土壤水分充足条件下的栓塞修复是可行的(Tyree et al.，1992)，但对于高大的乔木而言似乎作用并不大。近些年核磁共振成像技术以及X射线断层扫描技术的发展，可以使人们更加直观地研究木质部空穴或栓塞现象。这些研究结果表明，在没有蒸腾作用时，木质部水分也可能处于亚稳定状态(Stroock et al.，2014)；木质部中的活细胞(轴向薄壁组织)在栓塞修复过程中具有关键作用(Brodersen et al.，2010)，尤其是被子植物中的轴向环管薄壁组织(Sun et al.，2008)；甚至可以在张力存在的情况下进行修复(Brodersen et al.，2010)。

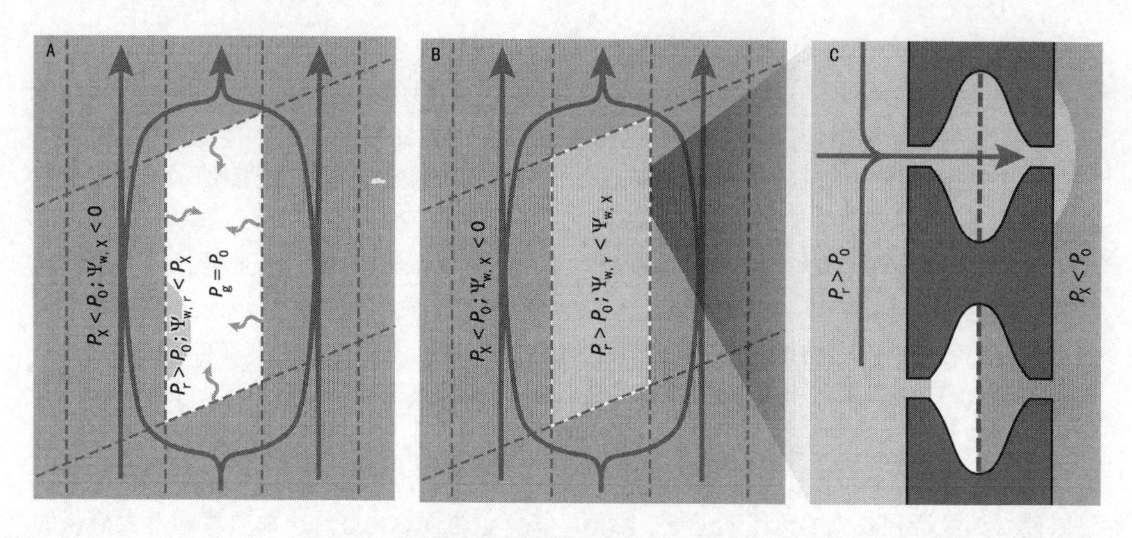

图 1-9 栓塞导管的修复过程(Stroock et al., 2014)

如果修复是在负压下完成，那么可能需解释下面两方面的内容：一是引入将液体局部注入栓塞导管或管胞的能量耗散过程(Energy-dissipating process)(Canny, 1997; Holbrook et al., 1999)，或者降低栓塞导管或管胞中水势(如随着溶质分泌到栓塞的导管或管胞中)的能量耗散过程(图 1-9A)，这样水分就可以被自发地引入栓塞的导管或管胞(Hacke et al., 2003; Salleo et al., 1996; Tyree et al., 1999; Zwieniecki et al., 2009)。目前，很多学者的研究结果(Canny, 1997; Nardini et al., 2011; Salleo et al., 2004; Salleo et al., 2009; Secchi et al., 2010, 2011)表明，植物可能利用溶质的传输来引发局部栓塞导管或管胞的修复，分泌到栓塞的导管或管胞中的溶质，其水势($\psi_{w,r}$)低于周围导管或管胞中仍处于亚稳定状态水的水势($\psi_{w,X} = P_X - P_0 < 0$)，在水势梯度下使溶质液滴长大充满栓塞的导管或管胞，该过程中假设气体的压力(P_g)达到大气压力(P_0)，而溶质内的压力(P_r)必须大于大气压，即 $P_r > P_0$(图 1-9A、B)(Stroock et al., 2014)；二是在张力下，重新充满水的导管和管胞同相邻水柱的连通机理，然而，用流体力学的知识来解释该机理是充满挑战的(Holbrook et al., 1999)，当栓塞的导管或管胞接近充满时，填充溶质仍处于负压状态，与剩余的气体保持力学平衡(图 1-9B)，一旦填充溶质进入某个纹孔接触到纹孔膜(图 1-9C 上方纹孔)，在外部液体更低的压力作用下，将使刚充满溶质的部分再次变空，这似乎变成一个永无休止的过程。因此，要使该过程顺利进行，似乎需要水—空气弯月面几乎同时进入每个纹孔，否则第一个与外部液体联通的纹孔将使该过程重复进行(Stroock et al., 2014)。因此，有学者建议纹孔形状的可变性和润湿性能，使其具有固定弯月面的能力，这样就可以各个弯月面几乎同时与各纹孔膜接触，进而完成与周围液体的连通过程(Holbrook et al., 1999; Konrad et al., 2003)。

因此，空穴化和栓塞是造成木质部传导率下降的主要原因，然而这两者又有很大的区别，空穴仅是形成了一个真空区域，仅含有少量的气体，而栓塞则是充满气体的气泡，气体压力应当接近大气压。因此，两者在水分传输过程中可能发挥完全不同的作用，栓塞确实严重阻碍水分的传输，其形成和修复机理仍需要进一步研究，以更合理地进行描述，而空穴很有可能是水分长距离运输过程中的一个必备条件，与纹孔或穿孔共同作用，形成所谓的“门”，将水分自上而下，一级一级从根部提至树冠。

综上所述，探索新型低能耗甚至零能耗预干燥处理技术是十分重要和迫切的，蒸腾作用作为植物生理过程中水分长距离传输和散失的主要动力，从理论和实践角度都可以用于活立木干燥。然而，水分在叶内的传输路径及蒸发位点等散失机理，水分在木质部的长距离运输机理，尤其是水分胁迫状态下木质部的空穴化和栓塞现象的产生、作用及其修复机理，都存在很多争论，亟待完善。

1.4 低场时域核磁共振技术在木材水分研究中的应用进展

低场时域核磁共振(Low field time domain nuclear magnetic resonance，LFTD-NMR)也称低场核磁共振(Low field NMR，LF-NMR)、时域核磁共振(Time domain NMR，TD-NMR)或低分辨率核磁共振(Low resolution NMR，LR-NMR)(Cabeca et al.，2011)，是一种快速、精确、无损检测技术，主要通过测定自旋核之间以及自旋核和周围环境之间的弛豫特性来进行分子种类的鉴别以及分子动力学研究(Berman et al.，2013)。

低场时域核磁共振技术主要是通过射频激发稳定磁场中被测物体中的氢质子，使其发生偏转，并在其恢复平衡状态过程中获得检测信号(Berman et al.，2010)。在施加90°射频脉冲后，纵向磁化矢量会因为同周围环境或晶格(Lattice)进行能量交换而逐渐恢复到平衡状态，该过程称之为纵向弛豫(Longitudinal relaxation)，该过程中的时间常数称为纵向弛豫时间或自旋—晶格弛豫时间(T_1)；而横向弛豫(Transverse relaxation)过程会因为自旋核之间的能量交换而发生，即横向磁化矢量逐渐恢复到平衡状态的过程，该过程所需的时间称为横向弛豫时间或自旋—自旋弛豫时间(T_2)。

在实际测试中，由于磁场不均匀性的影响，一般不会通过施加单一90°脉冲进行弛豫时间的测定，而是采用特定的脉冲序列进行相应弛豫时间的测量。通常，纵向弛豫时间采用IR脉冲序列(Inversion recover pulse sequence)进行测试，该序列由若干个(由反转次数NTI决定)180°脉冲和90°脉冲组成；横向弛豫时间一般采用CPMG脉冲序列(Carr-Purcell-Meiboom-Gill pulse sequence)进行测试，该序列由一个90°脉冲和若干个(由回波个数NECH决定)180°脉冲组成，如图1-10所示。

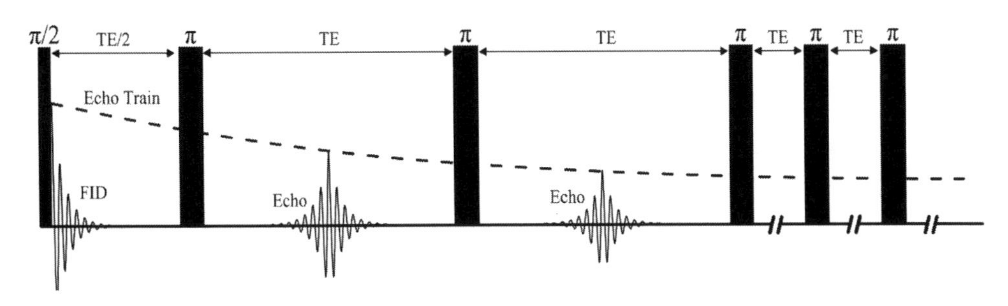

图1-10 CPMG脉冲序列示意图

低场时域核磁共振技术具有直接、快速、无损等检测优势，而且同高场核磁共振技术相比，具有体积小、运行成本低等优点(Willson et al., 2010)，因此，低场核磁共振技术，尤其是^{1}H 低场核磁共振技术(^{1}H NMR)在食品、高分子、石油、制药领域以及需要控制固液比或油水比材料(如含由岩石、食物乳胶、植物种子等)的工业质量控制中都具有广泛的应用(Berman et al., 2013)。在木材—水分关系的研究中，核磁共振技术扮演着非常重要的角色，因为其对微观环境以及质子运动动力学特性的敏感性(Riggin et al., 1979)，^{1}H 低场核磁共振技术主要从水分弛豫特性和扩散特性两个方面展开研究，可以提供木材中更详细和定量的信息，而且可以提供木材干燥过程中水分分布信息。

1.4.1 木材—水分弛豫特性研究

国外学者早在 20 世纪 50—60 年代就开始用核磁共振技术探索木材—水分或纤维—水分之间的弛豫关系(Odajima et al., 1959; Sasaki et al., 1960)，在 20 世纪 70 年代就被提出用于水分质量或含水率的测量(Skaar, 1972)，1987 年，Menon 等(1987)用^{1}H NMR 研究了红雪松(*Thuja plicata*)和道格拉斯松(*Pseudotsuga menziesii*)干燥过程中的水分状态，将木材和水分的核磁信号进行了分离，发现横向弛豫时间(T_2)分布谱有三个峰，并结合显微构造分析，将木材中的水分分成细胞壁中的结合水和细胞腔中的腔体水，并用核磁共振技术直接测定了含水率。后来，Araujo 等(1993)在其论文中，将细胞壁水的 T_2 时间的范围总结为 1 ms 到几毫秒，细胞腔水的 T_2 时间范围为 10 ms 到几百毫秒，将木材中水分提取出来后，其 T_2 为 1~3 s。在之后的研究中，大都沿用这一说法。

国内通过低场核磁共振技术进行木材-水分弛豫特性的研究起步较晚，较早的报道是马大燕等(2011)利用 T_2 研究木材的水分吸附机理，随后，李超(2012)用低场核磁共振技术研究了鹅掌楸(*Liriodendron chinense*)、水曲柳(*Fraxinus mandshurica*)、胡桃木(*Juglans nigra*)和红橡木(*Quercus rubra*)四种木材的水分弛豫特性，孙丙虎(2012)用时域核磁共振技术研究了不同干燥处理过程中木材水分的横向弛豫特性，周方赟(2015)用低场核磁共振技术，通过水分的横向弛豫特性和核磁成像峰方法研究了微波干燥过程中的水分移动特性，在这些研究中，都没有对不同状态水分的横向弛豫时间进行定量研究，分析过程中基本仍沿用 Menon、Araujo 等人的说法。只有高鑫等(2015)在利用低温核磁共振技术测定木材细胞壁润胀状态下的结合水含量的研究中，认为结合水的横向弛豫时间在 10 ms 以下基本是合理的。

近十几年，水分弛豫特性被用于研究纸浆纤维素纤维(Haggkvist et al., 1998; Li et al., 1993; Suurnäkki et al., 1997)和木材(English et al., 1991)细胞壁结构中。对于快扩散而言，弛豫时间和质子所在孔隙的比表面积是呈线性关系的(邓克俊, 2010)，比表面积越大，弛豫时间就越长，因此，可以通过测定已知孔隙结构试样的弛豫时间，从而将弛豫时间同孔隙结构联系起来。用该方法可测的平均孔径范围为几纳米到几毫米，但该方法无法给出具体的孔型信息(Maunu, 2002)。

1.4.2 木材—水分扩散特性研究

在低场核磁共振技术中，脉冲梯度场自旋回波技术被用来测量液体和气体的扩散特性。通过设定不同的梯度场场强或者时间，使液体分子或气体分子发生扩散行为，这样就可以计算出限制液体或气体扩散的壁垒尺寸(The size of the barriers)，该方法已经被用于研究多种多相系统中和纸浆纤维素纤维中(Li et al.，1992；Li et al.，1997)，以及木材中(Wycoff et al.，2000)的水分。

综上所述，虽然低场核磁共振技术被应用于木材—水分关系研究已有半个多世纪，但对木材—水分弛豫特性仍未十分清晰，特别是对木材中水分的存在状态及各状态水分弛豫时间的分界值一直没有定量的研究结果，因此，探索自由水/结合水的弛豫时间分界值将有助于我们更好地理解木材中水分的存在状态。此外，弛豫时间分布谱与孔隙结构存在一定的线性关系，如果能够将弛豫时间分布谱直接转化成孔径分布谱，对人们了解木材水分变化过程中孔隙结构的变化情况及水分迁移过程将有积极意义。

1.5 研究内容

木材是一种天然绿色可再生生物质材料，具有优越的性能，但其性能与含水率之间具有十分密切的关系。保持合适的含水率，可以使其具有良好的加工和使用性能。因此，对木材进行适宜的干燥是十分必要的。然而，就常规干燥而言，是目前普遍应用的规模干燥方法，但其耗能巨大，因此，木材干燥研究者一直在探索新型节能干燥技术，如除湿干燥、太阳能干燥、热泵干燥等技术，但由于多种原因，这些技术都尚未形成规模化应用。近几年，联合干燥技术的提出，为干燥节能提供了另一种思路，即采用两种或多种干燥技术相结合的方式，在预处理中使用节能型干燥技术，之后仍采用常规干燥技术，总体实现节约能耗的目标。基于这一思路，笔者试想是否可以在树木收获时，采用某种干燥技术或手段，使生材含水率尽可能降到最低，这样，既可以降低运输成本，又可作为后续预干燥处理。

从树木生长本身出发，笔者发现，在植物水分代谢过程中，每天通过树叶蒸腾作用会散失大量的水分，远远大于其新陈代谢所需的水分，而且该过程是被动进行的，即不需要人为提供额外的能量。那么，是否可以利用植物的这一生理特性，将树干中的水分降到最低呢？在这一问题的驱动下，笔者做了一些前期试验，发现将新疆杨边材切断后，树干中的水分确实会发生下降，说明这一思路是可行的。那么，在该水分降低过程中，蒸腾作用发挥怎样的作用，蒸腾速率与水分降低之间是否存在关系，水分是如何进行传输和散失的，这些问题就成了下一步要研究的主要内容。

因此，本书从木材水分的来源和树木水分生理特性出发，探讨了基于蒸腾作用降低木材水分的新型零耗能、无缺陷生理干燥技术，阐述了生理干燥的基本概念、植物水分传输和散失机理的研究现状等理论基础，通过对新疆杨进行边材切断处理，切断其自根部的水分来源，同时对其进行保留树冠、移除树冠、垂直放置、倾斜45°放置和平躺放置等几种处理，测定了不同处理后新疆杨的含水率、树叶蒸腾特性变化情况，水分横向弛豫时间特性、水分存在状态及变化以及水相关孔隙结构及变化情况，分析了树干边材水分散失的主要动力，影响水分散失的影响因素，并通过分析水分降低过程中水分状态及水相关孔隙结构变化情况，考察了水分传输过程中的迁移规律，最终提出了基于蒸腾作用降低杨树立木木材水分过程中水分传输和散失的初步机理。本书研究的技术路线如图 1-11 所示。

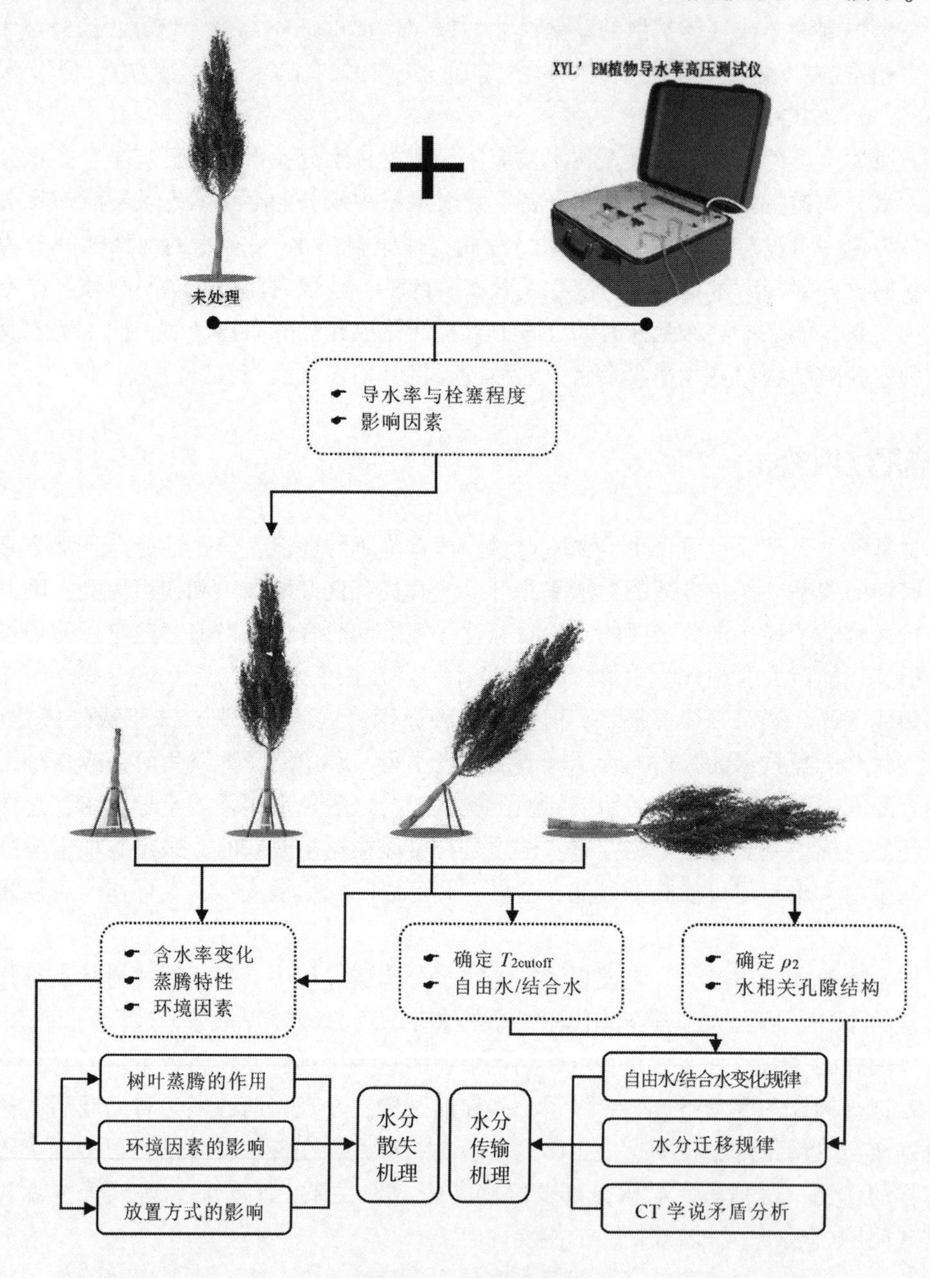

图 1-11 技术路线图

第 2 章　活立木生理干燥过程中导水率与栓塞研究

植物叶片在进行蒸腾作用时，水分在树干中的运输动力主要是蒸腾拉力和根压，水分在导管中运输时，其中的水柱是连续的，由于干旱等原因造成的导管内负压增大，空气可能会通过导管的纹孔进入其中，逐渐的形成空穴，造成木质部栓塞，它直接影响导管的导水率，会影响木质部传输水分给树叶。因此，为了进一步完善活立木生理干燥方法，本章将从木质部导水率和栓塞等方面研究未经过处理的新疆杨的水分运输状态，为生理干燥水分阻断处理奠定理论基础。

2.1　材料与方法

2.1.1　试验材料

试验采用 9 年生，胸径为 14.11cm，树高为 14.89m，在平坦地势生长，且树冠长势良好的新疆杨为试材。

2.1.2　仪器与设备

生长锥(内径 10mm)；XYL'EM 植物导水率高压测试仪(法国)。

2.1.3　试验方法

树木木质部导水率(即单位时间内通过植物茎段的水流量与引起该水流量的压力梯度的比值)多采用树干枝条测定导水率，主要受边材面积大小的影响，茎段边材面积越大，导水率越高。而生理干燥的水分散失主要是将树干木质部的水分通过树叶蒸腾作用散失到空气中，重点在木质部水分的传输，因此，为了验证此结论在速生林林中是否成立，本章分别对新疆杨木质部的心材和边材导水率进行测定，以确定该结论是否适用于树干木质部。

木质部导水率与栓塞程度是存在一定关系的。Herbette 等(2010)用不同的冲洗液给导管冲水以研究植物的抗栓塞能力，从这一新的角度来研究木质部抗栓塞能力，得知各种冲洗液均会在一定程度上影响木质部导水率。因此，本试验采用去气泡的去离子水为冲洗液，探究新疆杨木质部在生长季的栓塞程度。

2.1.3.1　XYL'EM植物导水率高压测试仪的测试原理

XYL'EM仪器设计用来测量植物的栓塞部分的液压导水率。它可以测量由于空气造成的栓塞导致的导水率下降的百分比(PLC)。一段木质部的液压导水率(K)等于通过样品的水流量(F)与压力差($P_{in}-P_{out}$)的比值，见式(2-1)。

$$K = \frac{F}{P_{in} - P_{out}} \tag{2-1}$$

式中：K——木质部液压导水率,%；

F——水流量，mmol/s；

P——压力，MPa，P_{in} 表示流入压力，P_{out} 表示流出压力。

如果木质部的长度是已知的，则长度为 L 的木质部导水率为：

$$K_L = \frac{F}{P_{in} - P_{out}} \cdot L \tag{2-2}$$

式中：K_L——长度为 L 的木质部导水率，mmol · m/(s · MPa)；

L——木质部的长度，m。

此外，导水率还与温度有关系，为方便不同测试温度条件下导水率的比较，将测试温度为 T 的导水率 K_T 用式(2-3)值修正为在20 ℃下的标准值：

$$K_{20\,℃} = K_T \times 3.4939 \times \frac{9.3252 + \sqrt{54.2176 - T}}{T + 32.7425} \tag{2-3}$$

式中：T——测量温度,℃，其范围为15~45 ℃。

2.1.3.2　试样的制备方法

新疆杨木质部导水率测试试样采集及制备方法如图2-1所示。

本试验在距地面120 mm处起，每隔1 m取一个圆盘，圆盘厚度为12 cm，取样高度最高为5 m。在圆盘上区别心边材，并在心材和边材位置分别画两个正五边形，十个顶点处分别用内径为10 mm的生长锥取样。

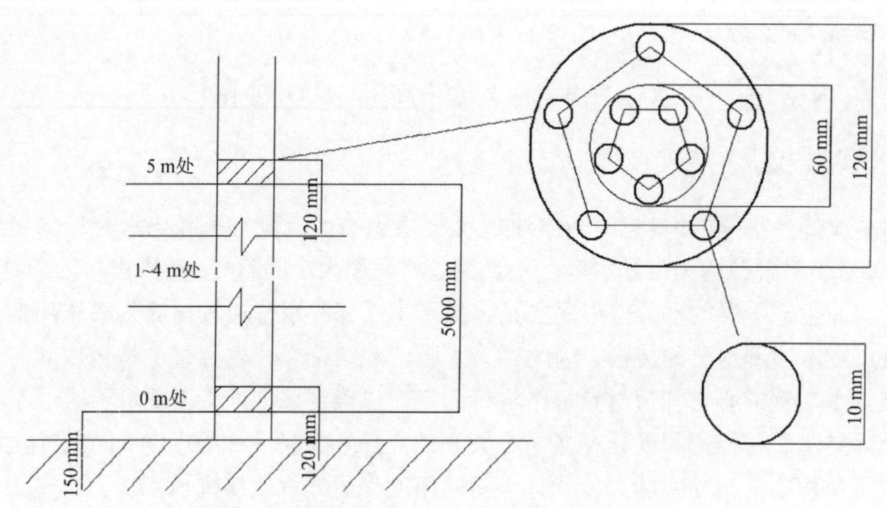

图2-1　木质部导水率试样采集与制备方法示意图

2.1.3.3　试验步骤

(1)将所取下的样品在其柱面上涂抹凡士林，柱面上的水分通路会被堵死，之后将样品套入内径为4 mm的橡胶管，之后修整式样的端部，如此就可以进行测量了。

(2)清空并冲洗高压(HP)水箱。

(3)若HP水箱中的保持一定的气压(0.1~0.2 MPa)而水阀也在WATER位置，将Luer软管连接WATER插头浸没在新的蒸馏水或者是去气泡水中。

(4)将气阀调到EXHAUST位置，排出HP水箱气压。这时候就可以向HP水箱中注水。

(5)将水阀调到0位置，向HP水箱中加压到0.1~0.2 MPa。

(6)将水阀迅速调整到WATER再调整回来，以排掉HP水箱中的气泡。

(7)清空LP水箱并注入新水。用清水多冲洗几遍LP水箱，尽量清洗掉水箱中的颗粒。

(8)“冲刷”样品的多支管的所有管道，清洗掉污染物。

(9)样品容器充满水，并且测量P_{out}。

(10)将XYL'EM仪器设置为低压(LP)模式。

(11)将样品多支管浸没在容器中，把上面所有的三通阀全部打开，让LP水箱中的水流过多支管的第1个支管，通过这个管将气泡排尽。

(12)非常小心将第1个样品的插到第1个支管上。如果看到接口处产生气泡，必须将气泡排尽测量。如果需要的话，用细铜线将接口处封紧。

(13)迅速地测量第1个样品的起始导水率。

(14)将多支管的第1个三通阀关闭，重复前面步骤在多支管的第2个支管上插上第2个样品，测量第2个样品的导水率。

(15) 重复以上的步骤测量所有样品，直到第5个样品的导水率已经测量完毕。

(16)除了最后1个支管，将其他的三通阀都打开。将XYL'EM仪器设置为HP模式。现在冲刷所有的试样使之饱和，将所有试样木质部管道中的气泡排尽。

(17)将仪器设置为LP模式，按照前面的顺序测量饱和导水率。

(18)第2次冲刷所有试样(第16步)，重复整个步骤，直到样品的导水率不再增加。这时候就确定每个样品的饱和导水率(K')。可以用式(2-4)计算导水率的下降百分比(PLC)：

$$\mathrm{PLC} = 100\left(1 - \frac{K}{K'}\right) \tag{2-4}$$

(19)取出样品，有需要的话，测量样品的长度和截面直径。如果试验已经完成，排空HP和LP水箱。将XYL'EM仪器上所有的阀门调节到0位置。排掉高压空气压力。继续测量其他样品，从上面第(11)步开始重复。

2.2　新疆杨木质部栓塞情况

木质部中，不均匀分布着大导管和小导管，图2-2所示为木质部边材的初始栓塞情况和冲水后的栓塞情况。图 2-2(a)为刚刚取回试材所进行的切片观察，可以看到在导管中充斥着长短不一的气泡，这些气泡就是导管中的栓塞，这种阻碍水分流动的气泡不仅仅存在于导管之中，在木射线中有时也可以观测到，它们严重影响了木质部的导水率；图 2-2(b)是进行“冲水”步骤后的切片观察图像，可以看到导管中的气泡已经被水流冲走，此时不会再有气泡阻碍水分的运输，这时再次测得的导水率为饱和导水率，可以近似的看作水分通路在畅通无阻的情况下的导水率水平。可见，新疆杨边材的栓塞在饱水时是可以完全恢复的。

（a）冲水前（边材）　　（b）冲水后（边材）

图 2-2　边材冲水前后栓塞变化

图 2-3 所示为木质部心材冲水前后的栓塞变化情况。冲水前后都有气泡，而且气泡的数量较多，已经完全阻塞了导管运输水分的通道。试验过程中需要通过冲水来测定木质部在没有栓塞情况下的导水率(饱和导水率)，边材在 0. 5MPa 以下压力时即可测得；而心材在仪器的极限压力 2. 0MPa 下，心材的另一敞开端头，没有任何气泡逸出，可见并没有达到冲水应有的作用。这说明心材的栓塞是不可消除的，其导水率为 0，栓塞度为 100%。

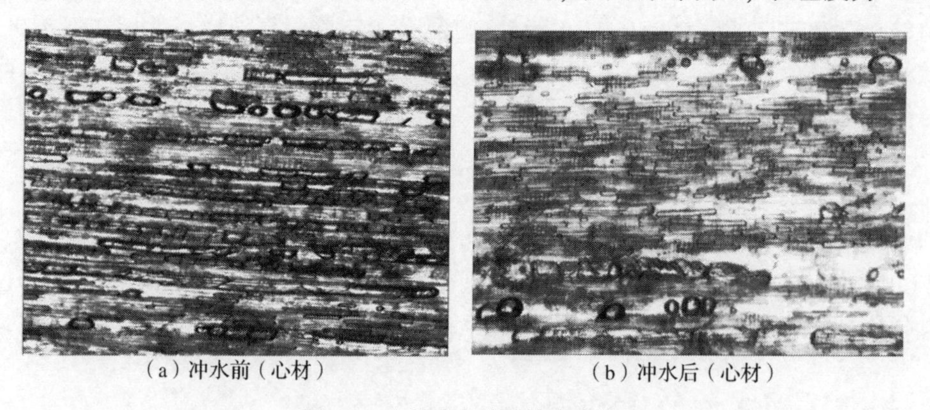

（a）冲水前（心材）　　（b）冲水后（心材）

图 2-3　心材冲水前后栓塞变化

生理干燥主要是在阻断根部水分供给后，利用树叶的蒸腾作用将树干中的水分散失到大气中。从上述结果可以看出，新疆杨心材的栓塞现象非常严重，而且在仪器极限压力下进行冲水后，栓塞依然无法消除，在此条件下心材的导水率为 0；而边材在较小的压力下即可消除栓塞。也就是说，在根部供水顺畅的情况下，心材因为严重的栓塞而无法顺利进行水分的传输；而边材在根压或蒸腾拉力的作用下，栓塞可以完全恢复以顺利传输水分。因此，在生理干燥过程中，为了阻断根部水分的供给，将新疆杨边材部分截断即可。

2.3　新疆杨树干不同高度对边材导水率和栓塞的影响因素

植物栓塞通常用水导损失率来表示，生长季节中在决定木质部栓塞程度的大小上占主导地位的是水分因子，而冬季则是温度和水分的协同作用(周洪华 等，2012)。试件采取的时间属于生长季，水分因子是主导因素。表 2-1 所示为树干边材不同高度处初始导水率和栓塞情况。

由表 2-1 可以看出，在树干边材不同高度处，边材的导水率并不一致，边材的导水率和栓塞情况并没有随着高度的增加而呈现特定的规律，而且在同一高度处，它的导水率有时也会存在较大的差异，如在 2 m 处导水率较高时可达到 0. 934~0. 9502 mmol/(ms · MPa)，而导水率较低时只有 0. 0524~0. 0926 mmol/(ms · MPa)。究其原因可能是树干中的水分在整体上是一个连续的水柱，这一条水柱受蒸腾拉力、根压、重力等作用力的影响，整体上是处于同一传导量在传导，如若在这一整体上测量，木质部的导水率会随着高度的增加呈现上升的趋势，因为从植物导管解剖结构来看，随着高度不断增加导管的直径逐渐变小，而单位时间内输导水分的含量却与根部一样，因此上部的水分传导速度较大，但由于试验需求，须把树干伐倒并截取所需高度上的木段，这样一来就破坏了树干的整体性，使树干在不同高度上形成了 6 个新的个体，它们之间不存在连续的关系，只是自身的结构在起着影响导水率的作用。树木在生长过程中，会受到多种影响因子的联合作用，在同一高度的不同方向、不同深度上都会出现生长状态不一致的现象，因此其导水率会受到直接的影响，有研究表明，树干液流速率随着测量探针插入木质部深度的增加而减小(李海涛 等，1998；刘发民，1996；张小由 等，2004)。另外，不同地区的环境条件有可能会造成导水率损失的不同，加杨 1996 年 3 月和 5 月的导水率损失分别为 60. 94%和 52. 30%，远大于 11 月份的 3. 7%(申卫军 等，1999)，然而本试验中的平均水导损失率却有 76. 32%，在内外因素的综合影响下，导水率和导水率损失会有一些差异。

表 2-1　树干边材不同高度初始导水率和栓塞情况

高度	初始导水率 /[mmol/(ms · MPa)]	饱和导水率 /[mmol/(ms · MPa)]	导水率下降百分比 /%
0 m 处	0. 1723	0. 4847	64. 46
	0. 4287	0. 5271	18. 68
	0. 2514	0. 4301	41. 54
	0. 4554	0. 7870	42. 14
	0. 1346	0. 9697	86. 12

（续）

高度	初始导水率/[mmol/(ms · MPa)]	饱和导水率/[mmol/(ms · MPa)]	导水率下降百分比/%
1 m处	0. 3685	61. 1454	99. 40
	0. 5383	8. 4358	93. 62
	0. 1132	1. 0182	88. 88
	0. 0369	0. 1620	77. 22
	0. 0192	0. 0868	77. 83
2 m处	0. 9340	20. 6602	95. 48
	0. 0976	0. 2241	56. 46
	0. 9502	4. 6524	79. 58
	0. 7539	19. 1775	96. 07
	0. 0524	0. 9434	94. 45
3 m处	0. 7817	9. 5836	91. 84
	0. 5130	11. 8786	95. 68
	0. 3083	8. 1947	96. 24
	0. 1294	0. 5423	76. 13
	2. 9464	5. 4129	45. 57
4 m处	0. 0288	0. 1554	81. 49
	0. 2324	1. 1749	80. 22
	0. 0178	0. 0423	58. 08
	0. 2564	0. 5121	49. 94
	0. 8703	1. 7214	49. 44
5 m处	0. 2669	1. 4008	80. 95
	0. 2594	4. 1880	93. 81
	0. 2460	4. 5847	94. 64
	0. 2540	1. 1499	77. 91
	0. 3489	2. 7448	87. 29

2.4 边材导水率与试件长度、导管横截面积关系

2.4.1 边材导水率与试件长度的关系

国内学者对导水率试验中试件长度的研究较少。图 2-4 所示为试件边材导水率与试件长度关系，用多项式拟合试件长度和导水率之间的关系，能得到：$y=0.012x+0.255$（$R^2=0.145$）。

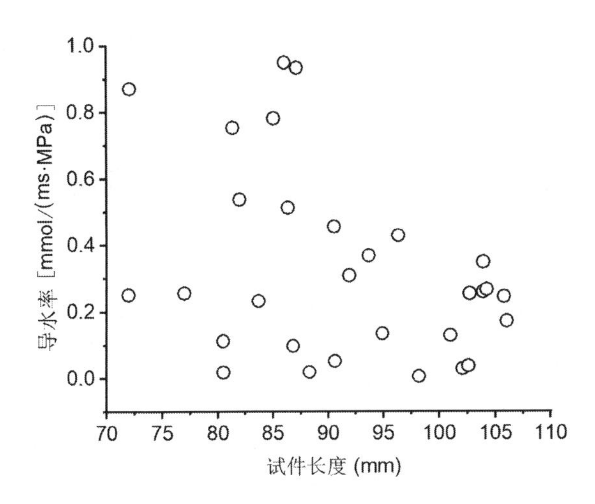

图 2-4　边材导水率与试件长度关系

由图 2-4 得到的线性回归方程可知，导水率受试件长度的影响比较小。试件的这一单一因素不能决定导水率的大小。

2.4.2　边材导水率与导管横截面积的关系

图 2-5 所示为试件边材导水率与导管横截面积关系，用多项式拟合试件导管横截面积和导水率之间的关系，能得到：$y=-7\times10^{-0.8}x^2+0.000x-1.078(R^2=0.083)$。

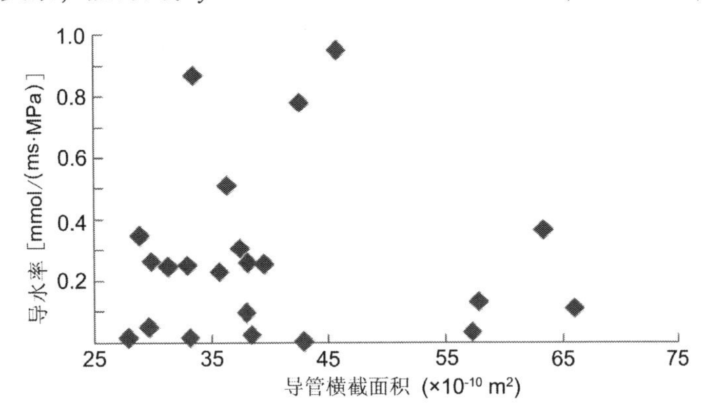

图 2-5　边材导水率与导管横截面积关系

由图 2-5 所得的线性回归方程可知，导水率受导管横截面积的影响比较小。这一结果和预想中的并不一致，输水的管道横截面积越大，水流速度越大，然而试验结果却没有一定的规律，出现这种现象的原因可能是，导管横截面积这一单一因素并不能对导水率起到决定性的作用，导管上的纹孔及两根导管连接部位上的纹孔也会产生阻抗，从而影响纹孔的导水率，纹孔的数量和排列形式有可能会对导水率产生影响，而且导管的穿孔可能是梯状穿孔，也有可能是单穿孔等，这些因素的综合作用下，导水率会受到很大的影响。再次查看文献得知：很多学者研究发现木质部导管直径的大小与栓塞脆弱性有关，同一树种内宽的导管比窄的导管更易栓塞（Hacke et al.，2006；Hargrave et al.，1994；Gullo et al.，1995；Wheeler et al.，2005），但也有一些学者的研究表明栓塞脆弱性与导管直径成反比

(Hacke et al., 2009; Lemoine et al., 2002)，还有学者研究认为与导管直径无关(Fichot et al., 2010; Rosner et al., 2007)。

2.5 边材导水率损失与试件长度、导管横截面积关系

木质部中的栓塞会直接造成导水率的下降，导水率与导水率损失成负相关性。图 2-6、图 2-7 所示为试件长度、导管横截面积与导水率损失的关系。

由图 2-6 可以得到试件长度和导水率损失线性回归方程，用多项式拟合试件长度和导水率之间的关系，能得到：$y=-0.060x^2+11.47x-458.6$ ($R^2=0.146$)，可知导水率损失受试件长度的影响很小。由图 2-7 可得导管面积和导水率损失线性回归方程，用多项式拟合试件长度和导水率之间的关系，能得到：$y=2\times10^{-6}x^2-0.012x+101.8$ ($R^2=0.056$)，可知导水率损失受导管面积的影响也很小。

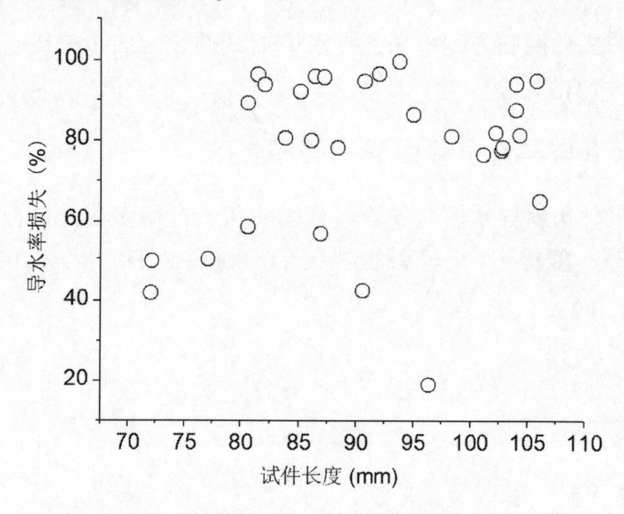

图 2-6 边材导水率损失与试件长度关系

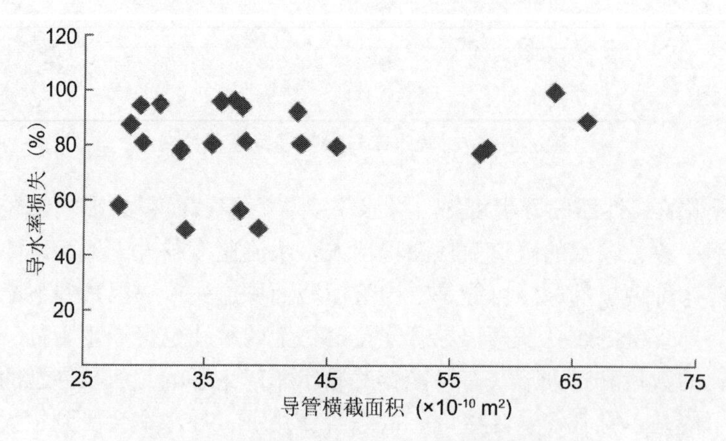

图 2-7 边材导水率损失与导管横截面积关系

2.6　本章小结

在本章中，采用 XYL'EM 植物导水率高压测试仪对新疆杨木质部的心材和边材导水率和栓塞情况进行了测定，并分析了长度、横截面积等因素的影响。主要研究结果如下：

(1) 木质部边材的导水率在树干高度分布上，导水率的大小与高度的变化不存在实质的联系。

(2) 木质部心边材的导水率差异较大，边材的导水率和导水率损失与试件的长度、导管细胞的横截面积、没有直接的联系，不随后者的变化而发生有趋势的变化。

(3) 木质部中边材、心材导水率和栓塞情况有很大的差异，边材导水率虽然比较小但是边材还能够疏导水分，而心材完全不能够疏导水分，栓塞程度为 100%，除此外，边材的栓塞是可以恢复的，而心材的栓塞则不可恢复。

第3章　活立木生理干燥过程中水分散失的动力及其影响因素

植物正常生长过程中，水分在蒸腾拉力作用下通过土壤—植物—大气连续体系散失到大气中，完成水分传输及代谢过程。在该过程中，影响植物蒸腾作用的因素很多，包括光照强度(短波辐射强度)、空气湿度或蒸气压差、空气中二氧化碳分压、叶片温度、水分胁迫(干旱胁迫)等(Collatz et al.，1991；Gangi et al.，2015；Kaminski et al.，2015；Sadras et al.，2012；Vico et al.，2013)。当植物处于水分胁迫或干旱胁迫环境中，会减小气孔开度以增大气孔阻力，最终致使气孔完全关闭，阻止水分散失(Hüner et al.，2008；李合生，2012a)。在该过程中，气孔蒸腾作用会减小，而角质层蒸腾作用会比较显著(Hüner et al.，2008)。因此，当植物切断水分来源后，蒸腾作用能否顺利进行？如果能，有效作用时间有多长？叶孔蒸腾和角质层蒸腾作用哪个更显著？弄清楚这些问题，将有助于制订和改善基于蒸腾作用降低立木中水分的工艺，以及从宏观上了解该过程中水分的传输动力。

在本章内容中，将研究经过不同处理的杨树活立木在蒸腾作用下的水分散失情况，并测定了该过程中叶片蒸腾作用情况，探讨了基于蒸腾作用降低立木中水分的可行性、动力、水分降低与蒸腾作用的关系，以及影响蒸腾作用或水分降低的因素。

3.1　材料与方法

本试验在内蒙古自治区呼和浩特市园林局第三苗圃进行(北纬40°48′，东经111°43′)，试验时间为2014年6月25日至7月8日，为期两周。呼和浩特市位于内蒙古自治区中部，市区海拔1040 m，属典型大陆性气候，四季分明，年/日温差大，年平均气温为6.73 ℃，其中最冷月份为1月(日均气温-11.6 ℃)，最热月份为7月(22.6 ℃)，年平均降雨量为398 mm，其中7—8月份的降雨量占年降雨量的一半以上。其主要气候特征如表3-1所示。

表 3-1　呼和浩特市气候数据(1971—2000 年)

月份	气温/℃			降雨		平均相对湿度/%	平均日照时间/h
	高温	低温	日均	平均降雨量/mm	平均降雨天数(>0.1 mm)		
1 月	-5.0	-16.8	-11.6	2.6	2.5	58	180.7
2 月	-0.4	-12.8	-7.2	5.2	2.8	52	198.3
3 月	7.0	-5.5	0.3	10.2	3.4	46	245.5
4 月	16.3	1.6	9.0	13.5	3.7	37	268.6
5 月	23.2	8.2	16.1	27.6	6.0	39	294.5
6 月	27.3	13.3	20.7	47.2	8.9	47	291.3
7 月	28.5	16.4	22.6	106.5	12.9	61	264.9
8 月	26.4	14.8	20.6	109.1	12.7	66	255.2
9 月	21.2	8.3	14.6	47.4	8.3	62	252.1
10 月	14.1	1.0	7.0	20.7	4.5	59	244.8
11 月	4.4	-7.0	-2.1	6.2	2.4	59	195.3
12 月	-3.2	-14.2	-9.4	1.8	1.8	59	171.0
年均	13.3	0.6	6.7	398.0	69.9	53.8	862.2

3.1.1　试验材料

本试验选用长势相似的 9～10 年生新疆杨(*Populus alba* var. *pyramidalis*)为试验树材，购自呼和浩特市园林局第三苗圃。试验树木长势情况见表 3-2。

表 3-2　试验树木长势及试验测试安排

杨树编号	处理方式	树高/m	胸径/cm	冠幅/m	试验测试安排
1	对照组	14.87	14.46	1.34	含水率测试
2	对照组	13.92	12.41	1.21	含水率测试
3	A	13.86	14.01	1.35	含水率测试
4	A	15.08	15.10	1.52	含水率测试
5	B	13.17	12.05	1.36	含水率测试
6	B	14.35	12.42	1.38	含水率测试
7	对照组	14.20	13.56	1.55	蒸腾特性测试
8	对照组	13.36	12.15	1.45	蒸腾特性测试
9	A	13.75	11.84	1.46	蒸腾特性测试
10	A	13.81	11.94	1.44	蒸腾特性测试

本试验对新疆杨的处理方式有三种：其一是对照组[图 3-1(a)]，即不作任何处理；其二是处理 A[图 3-1(b)]，即从树木底部切断水分来源，并保持树冠完整；其三是处理 B[图 3-1 (c)]，即同处理 A 一样从树木底部切断水分来源，同时从距地面 6.5 m 高的位置去掉树冠(图 3-2)，并将树干上的侧枝去掉。切断水分来源的方法是用手锯在距地面约

25 cm 高的位置(图 3-2)锯断边材来实现，锯切深度通过生长锥所取边材的厚度确定，锯切处理后通过支架对树木进行固定(图 3-1)。

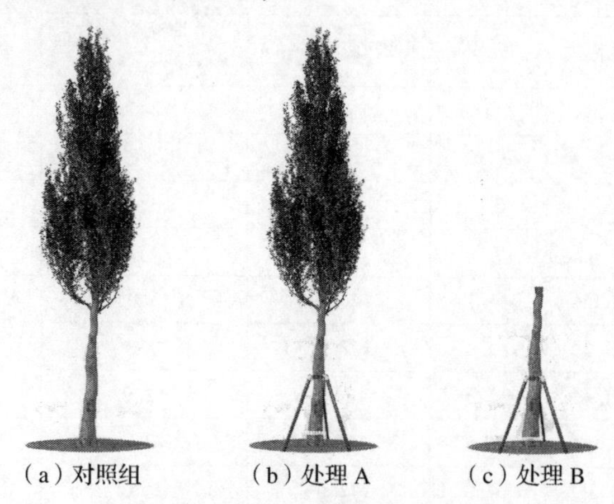

图 3-1　试验处理方式示意图

3.1.2　仪器与设备

本试验所用的主要仪器和设备有：常规干燥箱；便携式光合作用测试系统(Li-6400*xt*)；生长锥，内径为 5 mm；天平，精度为 0.001 g。

3.1.3　试验方法

新疆杨进行不同处理后(图 3-1)，一组用于含水率测试(表 3-2)，另一组用于蒸腾特性及环境因素的测定(表 3-2)，具体测试方法如下：

3.1.3.1　含水率测试

不同处理树木的含水率通过测量不同高度的木材含水率来获得，每株树木从根部至树冠每隔 1 m 取一次含水率试样，共取 6 处，每处取 2 个试样，具体取样位置如图 3-2 所示。含水率每天下午测量一次，共测 9 天。每个位置的含水率试样通过生长锥进行取样，取样深度约为被取样树木的半径，取样后，去掉表皮和韧皮部，将木质部根据颜色的深浅分为边材(颜色较浅)和心材(颜色较深)，心边材试样的长度均不超过 2 cm，将试样用保鲜膜包封后放入自封袋，立即放入装有冰块的保温杯中保存，待所有树木取样完毕后，立即拿回实验室进行初始质量的称量，然后进行时域核磁共振测试，具体测试方法在第 5 章中介绍，测试完后将所有试样放入温度为(103±2)℃的烘箱干燥至恒重，然后按式(3-1)计算含水率。

$$MC = \frac{W_{\text{initial}} - W_{\text{dried}}}{W_{\text{dried}}} \times 100\% \tag{3-1}$$

式中：MC——试样含水率,%；

W_{initial}——试样初重，g；

W_{dried}——试样绝干重，g。

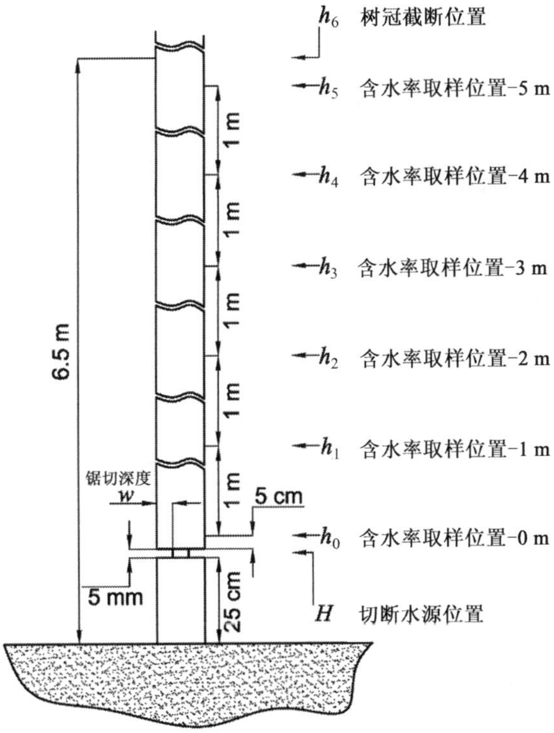

图 3-2　水源切断方法、树冠截断和含水率取样位置示意图

3.1.3.2　树叶蒸腾特性及环境因素测试

树叶蒸腾特性通过 Li-6400*xt* 便携式光合作用测试系统进行测量，测量时间为每天早上 8∶00、下午 2∶00 和 6∶00，共测 8 天。不同处理的每株树木随机选取树冠中部的 5 片叶子进行测量(后续测量用相同的叶子)，每片叶子测量 5 次。具体操作方法为：测量时采用固定流速模式，流速设定为 500 μmol/s，参考室 CO_2 浓度通过缓冲罐进行控制，将所测树叶夹持到夹持器后，当参考室 CO_2 浓度和水蒸气浓度稳定后进行数据记录。与此同时，即时环境条件也会被记录下来。通过该测试系统，可以获得的参数有：叶片蒸腾速率(E)、叶孔导度(g_s)、蒸汽压差(VPD)、空气相对湿度(RH)、空气温度(T_{air})、叶片温度(T_{leaf})等。

3.2　树叶蒸腾作用对新疆杨立木木材中水分降低的影响

新疆杨经水分切断[处理 A，图 3-1(b)]及移除树冠处理[处理 B，图 3-1(c)]后边材平均含水率变化情况如图 3-3 所示。切断水分来源后，无论有没有保留树冠，新疆杨边材含水率均发生不同程度的下降，但保留树冠的树木边材含水率下降更加明显，尤其是在水分切断处理后的 3~5 天，之后含水率的下降并不明显；而移除树冠的新疆杨，其边材含水率呈逐渐下降的趋势，含水率降低量较小。

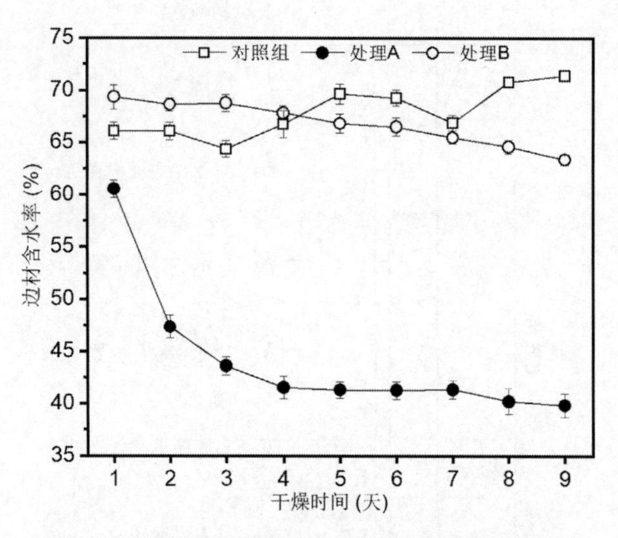

图 3-3　经不同处理后新疆杨边材含水率变化情况

经水分切断处理后，保留树冠和移除树冠的新疆杨木材含水率下降速率见表 3-3。保留树冠新疆杨边材含水率平均下降速率为 2. 30% MC/d，而移除树冠新疆杨的边材含水率平均下降速率为 0. 67% MC/d。保留树冠的新疆杨边材含水率在前 3 天和 5 天的下降速率更高，分别为 5. 65 % MC/d 和 3. 85% MC/d。

表 3-3　经不同处理后新疆杨边材含水率及下降速率

处理	含水率/%				含水率下降速率/(% MC/d)		
	第 1 天	第 3 天	第 5 天	第 9 天	前 3 天	前 5 天	平均
对照组	66. 09	64. 36	69. 64	66. 88	0. 58	−0. 71	−0. 59
处理 A	60. 54	43. 58	41. 29	41. 32	5. 65	3. 85	2. 30
处理 B	69. 34	68. 76	66. 81	65. 45	0. 51	0. 51	0. 67

经水分切断处理后，保留完整树冠的新疆杨立木木材含水率在 9 天的处理时间内下降了 20. 71%（表 3-3），该试验结果同其他学者的研究结果是一致的，McMinn(1986)用生理干燥方法(Physiological drying)对红橡树(Red oak)、美国枫香树(Sweet gum)和鹅掌楸(Yellow-poplar)进行了为期 8 周的干燥，结果使它们的含水率分别下降了 6%、42%和40%，而且水分的大量散失主要发生在第一周。William(Lawrence，1980)在 2 周内将白桦(Paper birch)的含水率降低了 20%。而 Greene(2014)在 4 周和 8 周内将含水率分别降低了10%和 14%。然而，同时移除树冠新疆杨的含水率在相同的处理时间内仅下降了 5. 99%。保留完整树冠新疆杨的含水率下降速率约为移除树冠新疆杨的 3. 4 倍(表 3-3)。

在正常生长条件下，树木蒸腾散失水分主要是通过叶孔蒸腾完成的，但当处于水分胁迫或晚上时，角质层蒸腾或残余蒸腾(Residual transpiration)作用导致的植物体表面的水分散失就会成为水分散失的主要方式(Clarke et al.，1988；Gonzalez et al.，2010)。因此，根据上述试验结果，仅切断水分来源后，新疆杨立木木材中水分散失的主要原因或者动力是树叶蒸腾作用造成的，而同时移除树冠的新疆杨，其水分散失的主要途径是通过树皮的皮孔蒸腾(Ben-Yehoshua et al.，2003)，以及通过锯切面和含水率取样位置的自然干燥。

此外，切断水分且保留完整树冠新疆杨立木木材含水率在水分切断后的前几天下降最快，其含水率在总共9天的水分降低过程中下降了20.71%，而在前5天下降了19.25%，占9天含水率下降总量的92.95%，在前3天下降了16.96%(表3-3)，占9天含水率下降总量的81.89%，该部分水分含量正好与植物体内弹性组织(Elastic tissues)中储存的水分含量(5%~25%)一致(Tyree et al.，1990；Tyree et al.，1981)，因此，在切断水分来源的3~5天，树木通过调用储存在弹性组织中的水分来尽量调整水分供应的失衡状况(Goldstein et al.，1998)。从含水率下降速率来看，前3天的含水率下降速率为5.65% MC/d，远高于前5天含水率下降速率及9天的平均速率(表3-3)，因此，前3天含水率的快速下降可能主要是通过树叶的叶孔蒸腾作用散失的，因为叶孔蒸腾散失水分是通过小孔扩散的原理进行，具有很快的扩散速度，而且该阶段的树叶并没有明显的变化(图3-7)；而第4、5天含水率的较快速下降可能主要是通过树叶的角质层蒸腾或者残余蒸腾作用散失的，因为从第4天开始，树叶开始下垂、发黄并逐渐萎蔫(图3-7)，而且叶柄首先开始变软、下垂，因为其对体内的水力结构变化更为敏感，这时说明树木体内的水分平衡已严重失衡，气孔应该闭合或者开度很小以减少叶孔蒸腾作用的进行，而此时蒸腾并没有停止(图3-4)，因此角质层蒸腾或残余蒸腾作用应该占主导地位；最后几天可能同移除树冠新疆杨水分散失途径一样，即通过树皮的皮孔蒸腾及大气干燥散失水分，因为从第6天开始，树叶基本上已经开始变干、变脆，且此时的蒸腾作用也很小。

可见，在切断水分来源，新疆杨立木木材水分降低过程中，树叶蒸腾作用，包括叶孔蒸腾和角质层蒸腾或残余蒸腾，是木材水分下降的主要动力，且水分的快速下降主要发生在处理后的3~5天。这与Garrett(1985)的研究结果一致：在树木伐倒后的7~10天水分会显著下降，尤其是在伐倒后的36小时内。

3.3　树叶蒸腾作用与新疆杨立木木材水分降低的关系

新疆杨经水分切断处理后，树叶蒸腾速率(E)和气孔导度(g_s)随时间的变化情况如图3-4所示。切断水分来源的新疆杨和未做任何处理的新疆杨，蒸腾速率和气孔导度的变化趋势相似，前4天呈上升趋势，然后呈下降趋势。虽然两者具有相似的变化趋势，但经过方差分析后发现，两者之间具有显著性差异。切断水分来源新疆杨的蒸腾速率和气孔导度在前两天较高，然后变低，但最后两天又变高。

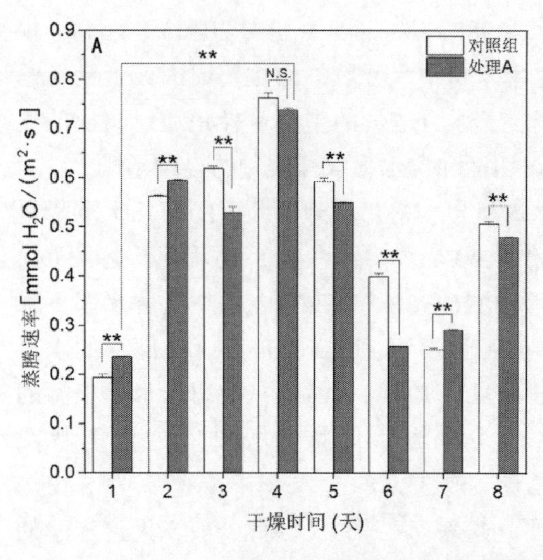

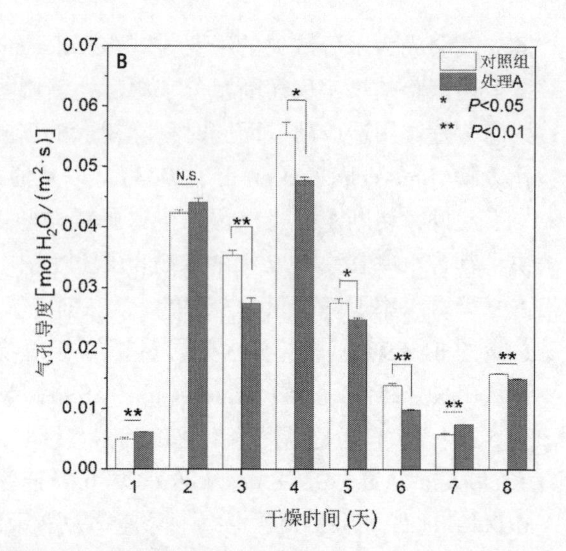

图 3-4　新疆杨经不同处理后蒸腾速率和气孔导度的日变化情况

经水分切断处理后新疆杨立木木材水分的下降与累积蒸腾速率(Accumulated transpiration rate,)之间有着密切的联系，这里，累积蒸腾速率(E_a)是指蒸腾速率随时间的累积，其累积过程呈线性增长的趋势，如图 3-5B 所示，该结果与 Dang 等(2012)学者的研究结果相似。对照组新疆杨立木木材含水率随着累积蒸腾速率的增加呈线性增长趋势(图 3-5A)，而经水分切断处理后的新疆杨立木木材含水率随累积蒸腾速率的增加以三次函数的形式下降(图 3-5A)。当累积蒸腾速率达到 T_1(图 3-5A)之前，即约第 5 天(图 3-5B，T_1')之前，立木木材含水率呈快速下降趋势。当累积蒸腾速率达到第 5 天(T_1)时，累积蒸腾速率占总累积蒸腾速率的 72.02%（表 3-4)，同时，此时的含水率下降量和下降率也是比较高的(表 3-3，图 3-5A)，这些结果表明，蒸腾速率比较高时，水分散失速率也较快。

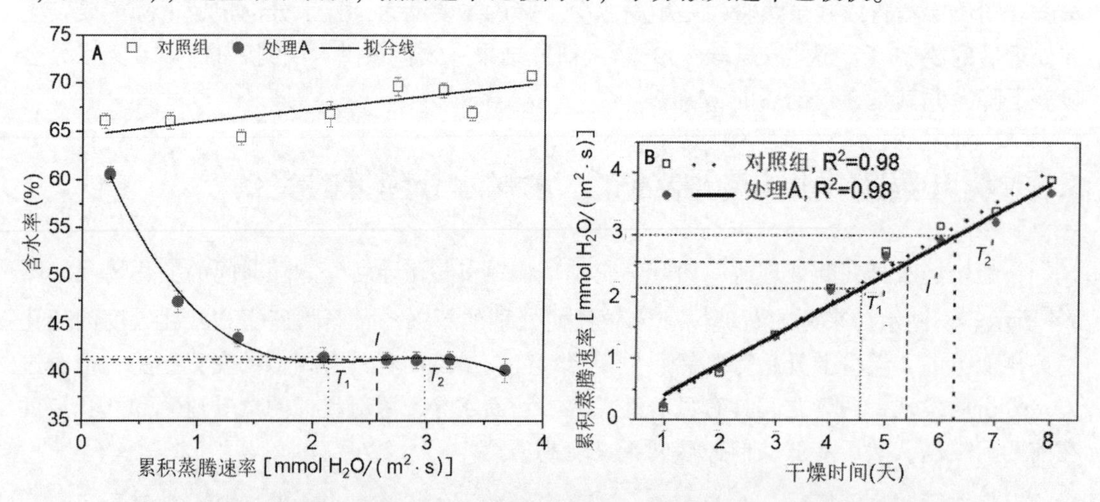

图 3-5　A 为新疆杨立木木材含水率随累积蒸腾速率的变化情况：对照组，线性拟合，$R^2=0.6469$，$P<0.05$；处理 A，三次函数拟合，$R^2=0.9961$，$P<0.01$，T_1、T_2 为一阶导数为 0 的点，I 为拐点。B 为累积蒸腾速率随时间的变化趋势

表 3-4　经水分切断处理新疆杨随处理时间的蒸腾速率和累积蒸腾速率占总累积蒸腾速率的比例

处理时间	E_i/%	$(E_a)_i$/%	处理时间	E_i/%	$(E_a)_i$/%
第 1 天	6.44	6.44	第 5 天	14.97	72.02
第 2 天	16.16	22.6	第 6 天	7.03	79.05
第 3 天	14.37	36.97	第 7 天	7.92	86.97
第 4 天	20.08	57.05	第 8 天	13.03	100

注：E_i 指第 i 天蒸腾速率占总累积蒸腾速率的比例,%；$(E_a)_i$ 指第 i 天的累积蒸腾速率占总累积蒸腾速率的比例,%。

此外，水分散失速率还跟树木含水率有关，水分储量较高的树木可以在更长的时间内维持较高的蒸腾速率(Goldstein et al.，1998)，也就是说，树木含水率较高时，水分散失速率更快。经水分切断处理新疆杨的蒸腾速率在前 4 天呈增大趋势(图 3-4A)，但含水率下降速率却呈下降趋势(图 3-6B)，尽管水分散失量逐渐增大(表 3-3，图 3-6A)。进行水分处理后的第 1 天，树干含水率最高，含水率下降速率也最快(图 3-6)，第 4 天的蒸腾速率显著高于第 1 天的蒸腾速率(图 3-4A)，但此时的含水率下降速率却很小，因为此时的树干含水率已经较低(图 3-6)，没有足够的水分用来散失。因此，在基于蒸腾作用降低立木木材水分的过程中，水分散失不仅跟蒸腾速率有关，而且还跟树木中的含水率高低有关。当树木含水率较高时，较低的蒸腾速率也可能导致较高的水分散失量和散失速率，而树木含水率较低时，较高的蒸腾速率也可能导致较低的水分散失量和散失速率。

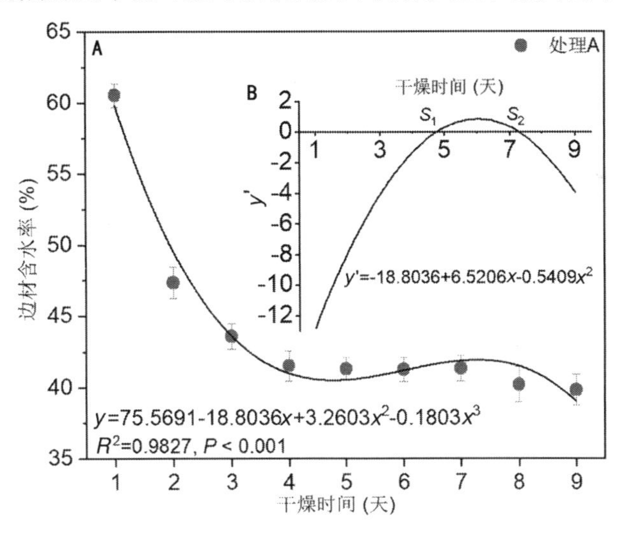

图 3-6　含水率随处理时间变化的拟合曲线 A 及其一阶导数曲线 B，S_1(4.78，0)、S_2(7.28，0)为一阶导数为 0 的点

立木木材含水率从 T_1 到 T_2 没有下降，甚至有略微的上升(图 3-5A)，含水率下降速率也是正的(图 3-6B，S_1 到 S_2)。更值得注意的是，在第 5 天左右(T_1)的时候，树叶开始变黄，在第 6 天(拐点 I 处)开始卷曲，此时含水率约为 41%，第 7 天(T_2 处)变干枯(图 3-5A，图 3-6B 和图 3-7)，这时，木质部会因为严重的空穴和栓塞化而失去输水能力(Sparks et al.，1999；Sperry et al.，1993；Sperry et al.，1993；Tyree et al.，1988)。因此，与木材纤维饱和点的概念类似，新疆杨失去输水能力并逐渐死亡的含水率临界值可能是在 41% 左右。

图 3-7　水分散失过程中树叶和叶柄的变化特征

3.4　切断水分来源和气候条件对新疆杨树叶蒸腾作用的影响

试验过程中新疆杨周围环境的空气相对湿度(RH)、空气温度(T_{air})、叶面温度(T_{leaf})和蒸汽压差(VPD)的变化情况如图 3-8 所示。在整个试验过程中，空气相对湿度的变化范围为 15%~55%（图 3-8A），前 4 天呈上升趋势，然后呈下降趋势；空气温度的变化范围为 25~35 ℃（图 3-8B），前 2 天温度快速下降，然后逐渐上升，而且，水分切断处理后的新疆杨周围的空气温度要略高于对照组新疆杨周围的空气温度，叶面温度和蒸汽压差的变化情况同空气温度的变化情况相似(图 3-8C、D)。在试验过程中相对湿度先上升后下降的趋势以及温度先下降后上升的趋势，可能是因为前几天发生降雨造成的。

切断水分来源处理会显著降低新疆杨的整体蒸腾作用(图 3-9)，这可能是因为水分切断后使新疆杨处于比较严重的水分胁迫状态而造成的(Abreu et al.，2015)。在处理后的前两天，其蒸腾速率明显高于对照组新疆杨的蒸腾速率(图 3-4A)，这可能是因为环境因素造成的，也可能是因为新疆杨为应对水分失衡而作出的应对反应(Inamullah et al.，2005)。在第 7 天，经水分切断处理的新疆杨蒸腾速率也比较高，这可能是因为树叶已经比较干(图 3-7)，测量时由于夹持导致叶面出现裂纹造成的。

环境气候条件也对新疆杨的蒸腾速率和气孔导度有很大的影响，如图 3-4、图 3-4A 所示，可以从直观上看出蒸腾速率、气孔导度和相对湿度随处理时间的变化趋势相似，而同空气温度和蒸汽压差的变化趋相反。通过回归分析，蒸腾速率和相对湿度(15%~55%)之

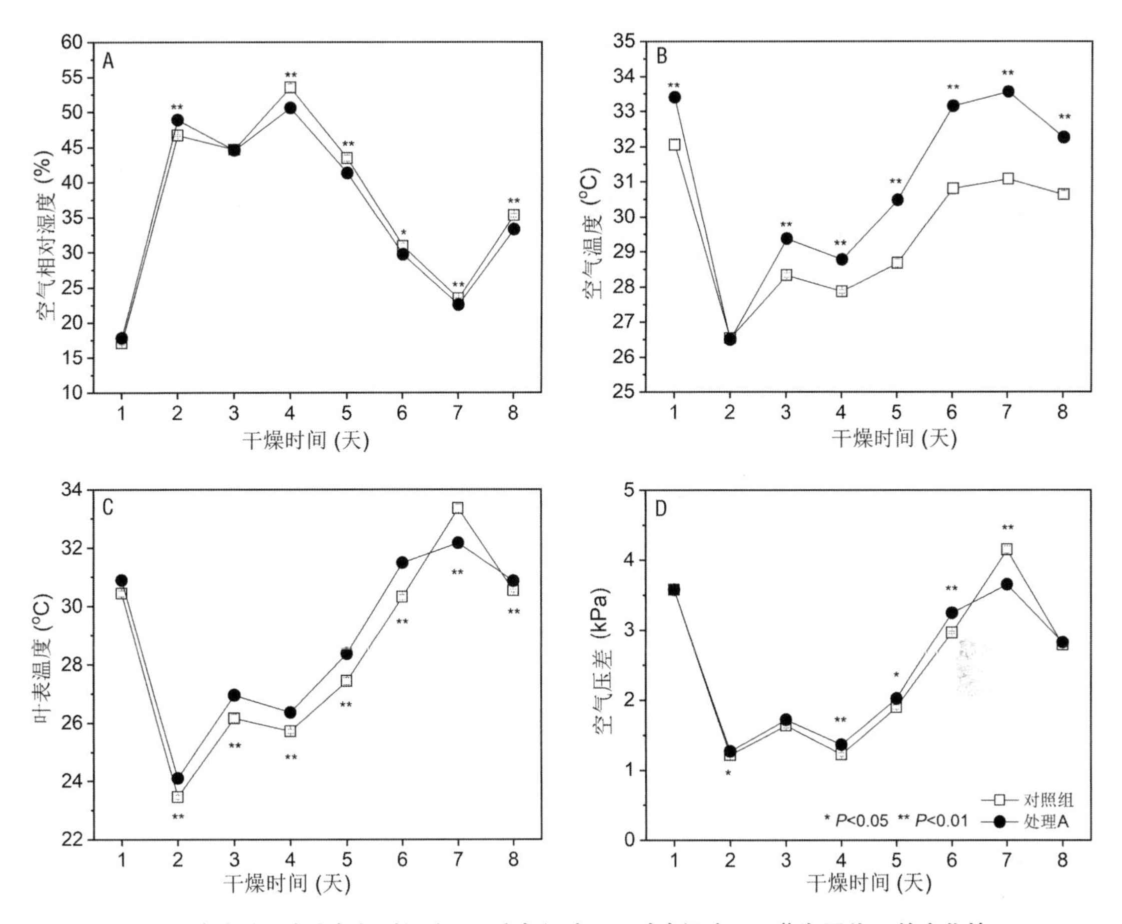

图 3-8　试验过程中空气相对湿度 A、空气温度 B、叶表温度 C、蒸汽压差 D 的变化情况

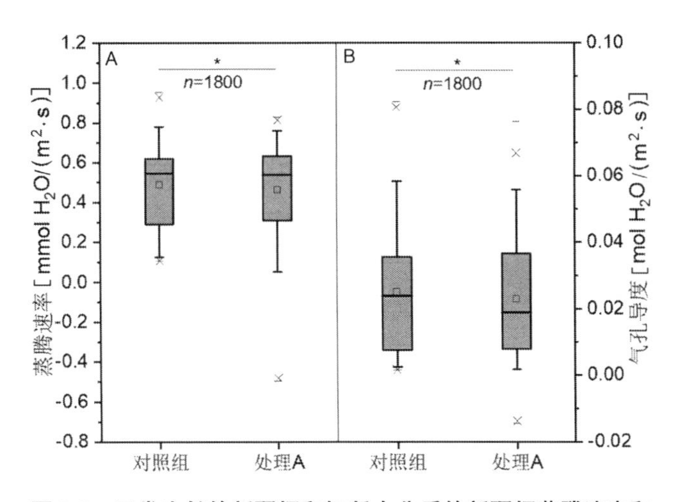

图 3-9　正常生长的新疆杨和切断水分后的新疆杨蒸腾速率和气孔导度之间的差异(*，$P<0.05$)

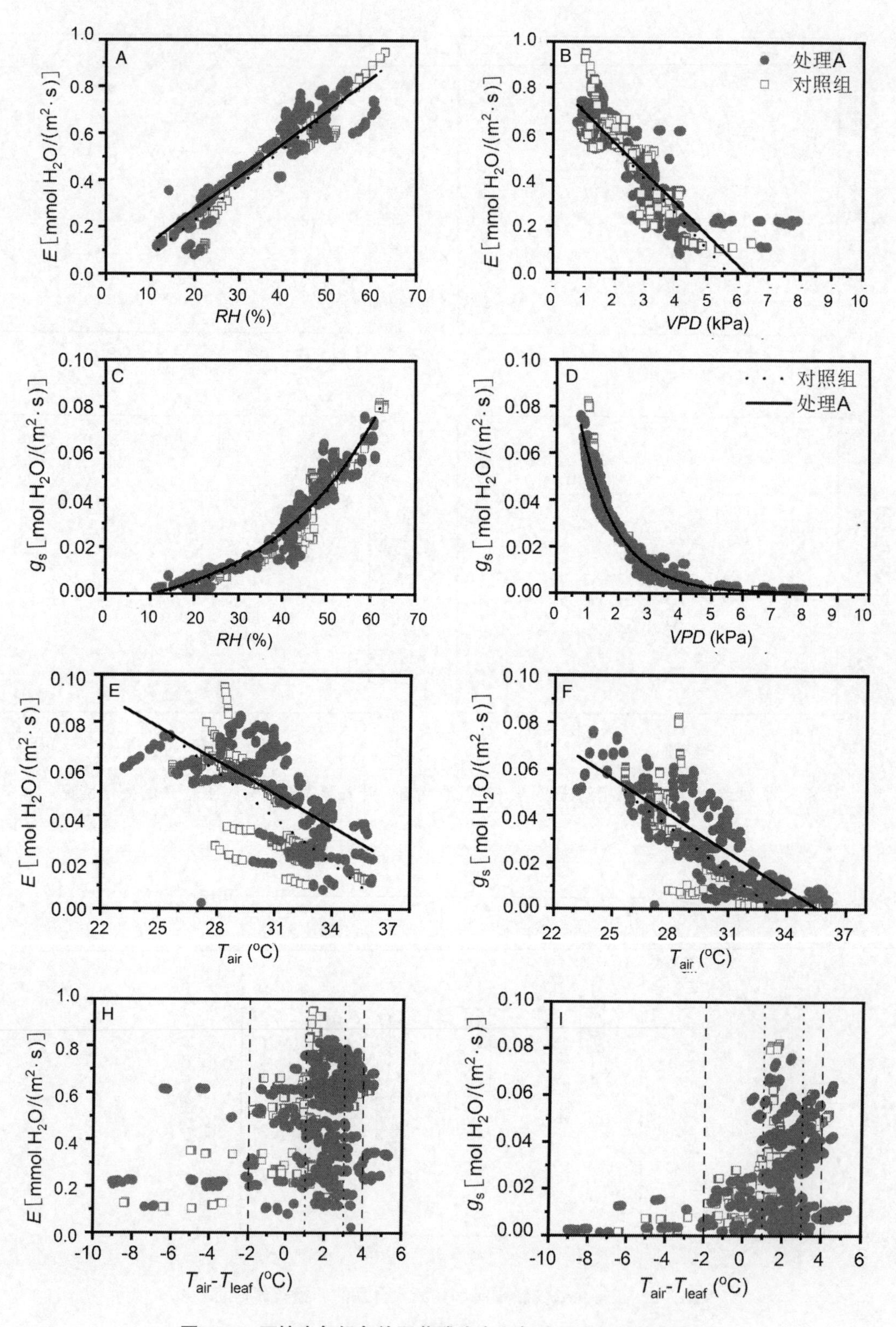

图 3-10　环境中气候条件同蒸腾速率和气孔导度之间的关系

间的变化呈线性正相关(图 3-10A，$R^2_{对照组}$ = 0. 9281，$R^2_{处理A}$ = 0. 8773)，相对湿度越大，蒸腾速率也越大，这同常规干燥中相对湿度越大，干燥速率越小的规律是正好相反的。对气孔导度而言，其随相对湿度的变化呈指数增长的趋势(图 3-10C，$R^2_{对照组}$ = 0. 9172，$R^2_{处理A}$ = 0. 9210)。可见，随着相对湿度的增加，蒸腾速率和气孔导度也呈增加趋势，这同 Drake 等(1970)的研究结果是一致的。相反，随着蒸汽压差的增大，蒸腾速率却呈下降趋势(图 3-10b，$R^2_{对照组}$ = 0. 7522，$R^2_{处理A}$ = 0. 7090)，这与 Xue 等(2004)人在较低土壤水势情况下的研究结果一致。气孔导度随蒸汽压差的变化呈指数下降的趋势(图 3-10D，$R^2_{对照组}$ = 0. 9299，$R^2_{处理A}$ = 0. 9595)，这与正常树木的变化规律一样(Lange et al.，1971；Massman et al.，1991；Monteith，2006)。可见，经水分切断处理后的新疆杨的蒸腾作用随环境气候条件的变化规律并没有发生明显变化，仍同正常树一致。

在 20~36 ℃，空气温度同蒸腾速率(图 3-10E，$R^2_{对照组}$ = 0. 5274，$R^2_{处理A}$ = 0. 4905)和气孔导度(图 3-10F，$R^2_{对照组}$ = 0. 5947，$R^2_{处理A}$ = 0. 7010)之间均呈负相关性，即空气温度越高，蒸腾速率越低。这也跟常规干燥有着明显的差别，在木材常规干燥中，一般温度越高，干燥速率会越大。我们计算了水分降低过程中，空气温度和叶表温度的差异，其变化范围为 −2~4 ℃(图 3-10H、I)，但水分降低主要发生在 1~3 ℃(图 3-10H、I)。

3.5　本章小结

本章主要通过对新疆杨立木进行根部水分切断及移除树冠处理，测定了立木木材水分降低过程中的含水率变化情况和树叶蒸腾作用特性，探讨了树叶蒸腾作用在水分降低过程中的作用，水分降低同蒸腾速率之间的关系以及水分切断处理和环境气候因素对蒸腾作用和水分降低的影响，主要研究结果如下：

(1) 新疆杨经水分切断处理后，含水率在 9 天内由 60. 54%下降到 41. 32%，平均下降速率为 2. 30% MC/d，但木材边材含水率的快速下降主要发生在前 3~5 天。

(2) 在新疆杨经水分切断处理后的水分降低过程中，树叶蒸腾作用是水分下降的主要动力和原因，其中，在前 3 天的主要动力为树叶叶孔蒸腾作用，第 4~5 天主要为树叶角质层蒸腾或残余蒸腾作用，之后主要为大气自然干燥。

(3)在水分降低过程中，树叶蒸腾速率同木材含水率的下降呈正相关关系，即蒸腾速率较高时含水率下降速率也较快，不过该过程还会受树木储存水分多少的影响。

(4) 对新疆杨而言，41%左右的含水率是其能否正常生长或者失去输水能力逐步死亡的临界值。

(5) 水分切断处理会显著降低新疆杨的蒸腾速率，但不会影响其随环境气候因素的变化趋势。

(6) 正常生长的新疆杨和经水分切断处理后的新疆杨，其蒸腾速率和气孔导度均随相对湿度的增加而增加，随蒸汽压差和空气温度的增加而降低，而且水分散失主要在空气—叶面温差为 1~3 ℃发生。

第4章 活立木放置方式对水分降低及蒸腾作用的影响

上一章探讨了降低新疆杨立木木材水分的动力问题，以及切断水分处理和环境气候条件的影响，这些都是在保持立木直立的情况下进行研究的。但是，在树木收获过程中，多数情况会是倾斜放置或直接平放在地面上的，因此，将树木进行水分切断处理后，不同的放置方式会不会对木材中含水率的下降以及蒸腾特性有影响？基于该应用方向的问题，在本章中，将研究树木不同放置方式下的含水率变化规律和蒸腾特性变化情况，探讨不同放置方式对木材水分下降及蒸腾特性的影响作用。

4.1 材料与方法

本试验所选试验地点与第3章中一样，在内蒙古自治区呼和浩特市园林局第三苗圃进行试验。

4.1.1 试验材料

本试验所采用试验树种与第3章一样，同样选用9~10年生的新疆杨为试验树种，其长势情况见表4-1。

表4-1 进行不同放置处理新疆杨长势情况与测试安排

杨树编号	处理方式	树高/m	胸径/cm	冠幅/m	试验测试安排
11	对照组	13.92	12.41	1.51	含水率测试
12	处理A	14.15	13.53	1.62	含水率测试
13	处理C	13.68	12.73	1.54	含水率测试
14	处理D	13.86	14.01	1.65	含水率测试
15	对照组	12.97	14.32	1.71	蒸腾特性测试
16	处理A	13.55	11.46	1.42	蒸腾特性测试
17	处理C	13.48	14.32	1.73	蒸腾特性测试
18	处理D	13.81	11.94	1.44	蒸腾特性测试

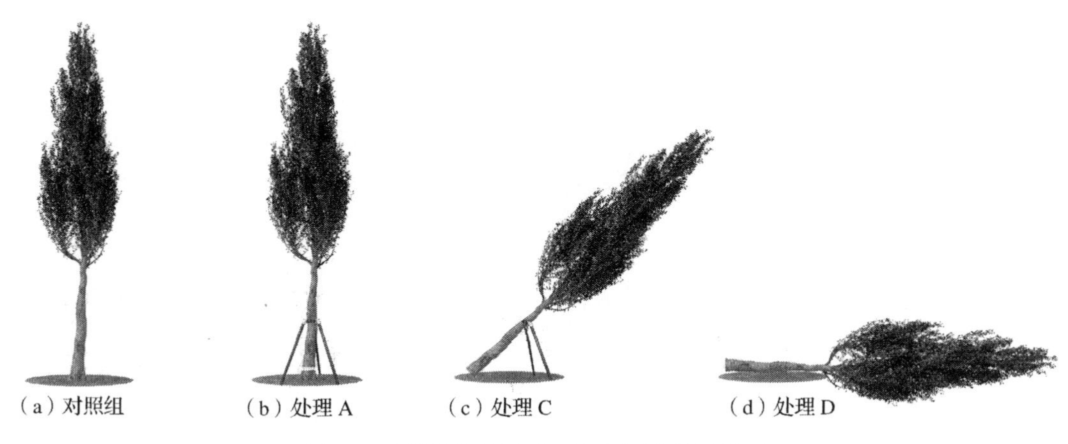

图 4-1　新疆杨切断水分后的放置方法示意图

在本试验中采用的处理方法有四种，其一是对照组，不作任何其他处理[图 4-1(a)]；其二是处理 A，即切断水分来源，保持树冠完整，并保持直立[图 4-1(b)]；其三是处理 C，即切断水分来源，保持树冠完整，并保持树干倾斜 45°[图 4-1(c)]；其四是处理 D，即切断水分来源，保持树冠完整，并使树干平躺在地面上[图 4-1(d)]。其切断水分的方法和位置同第 3 章中的方法一样。

4.1.2　仪器与设备

本试验所用试验仪器与设备与第 3 章相同。

4.1.3　测试方法

本试验所用测试方法与第 3 章相同。

4.2　不同放置方式对新疆杨树叶蒸腾作用的影响

水分切断后，不同放置方式新疆杨的树叶蒸腾速率和气孔导度随时间的变化情况如图 4-2 所示。无论何种放置方式，它们的变化趋势都是相似的，而且，对照组和处理 A 的新疆杨(保持直立)更为相似，处理 C 和处理 D 的新疆杨(接近地面)更为接近。处理后的前 2 天，处理 C 和处理 D 的蒸腾速率和气孔导度高于处理 A 和对照组。第 4 天处理 C 和处理 D 的蒸腾速率和气孔导度为最大值，然后开始下降，直到第 6、7 天左右降至最低值。

从图 4-3 可以看出，对照组新疆杨的平均蒸腾速率最高，而处理 A 的平均蒸腾速率最低，且与各处理组之间存在显著性差异，可见，水分切断处理会显著影响新疆杨的蒸腾速率，使蒸腾速率降低。在不同放置方式之间，处理 D 的平均蒸腾速率较高，但与处理 C 和处理 A 并不存在显著性差异，处理 C 和处理 A 的平均蒸腾速率差别不大，但存在显著差异($P<0.05$)，这可能是因为处理 C 的蒸腾速率分布比较宽，且存在奇异值的原因。由此可见，不同的放置方式并没有对新疆杨的蒸腾速率产生显著影响。

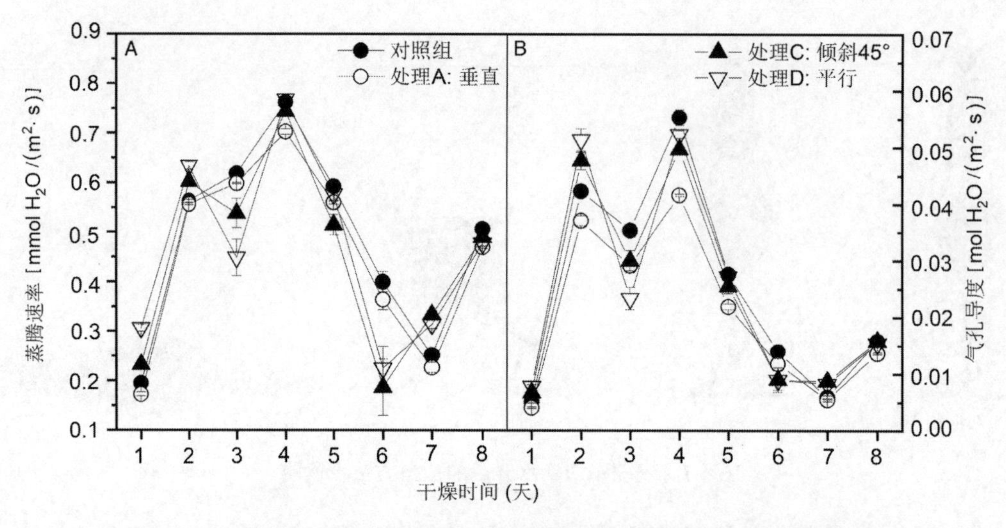

图 4-2　水分切断处理后不同放置方式新疆杨蒸腾速率和气孔导度变化情况

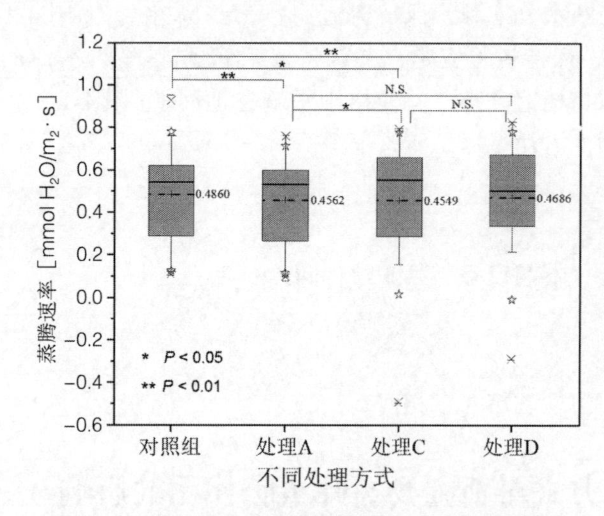

图 4-3　不同放置方式新疆杨蒸腾速率之间的差异

4.3　不同放置方式对新疆杨木材含水率下降的影响

水分切断后，不同放置方式新疆杨的含水率变化情况如图 4-4 所示。除了对照组新疆杨的含水率呈上升趋势外，其他处理的新疆杨含水率均呈下降趋势，而且，不论哪种放置方式，前 3 天的含水率下降速率都很快，后几天处理 C 的含水率基本保持不变，而处理 A 和处理 D 的含水率经过两天左右的波动后又开始下降，到第 9 天达到最低值，分别为 36.32%和 36.40%。

水分切断处理后，不同放置方式、不同高度的新疆杨含水率变化情况见表 4-2～表 4-5。

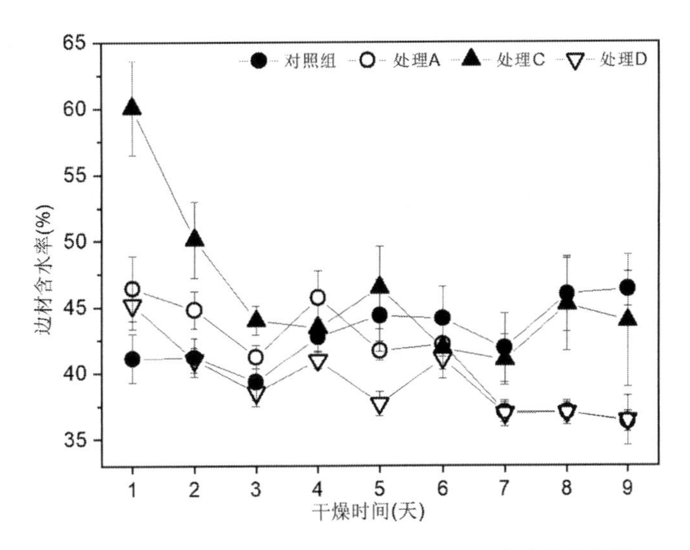

图 4-4　水分切断处理后不同放置方式新疆杨含水率变化情况

表 4-2　对照组新疆杨树干不同高度的含水率

处理时间/天	树干高度/m					
	0	1	2	3	4	5
	含水率/%					
1	36. 92	43. 17	53. 12	37. 84	36. 41	39. 23
2	41. 00	47. 74	42. 90	38. 68	41. 26	35. 51
3	37. 24	40. 40	45. 69	38. 60	39. 90	34. 12
4	42. 19	44. 98	46. 17	42. 91	44. 48	35. 73
5	37. 35	55. 31	45. 55	45. 66	41. 40	40. 89
6	43. 82	44. 26	57. 52	40. 44	41. 74	37. 06
7	40. 07	33. 21	54. 55	42. 10	43. 39	38. 13
8	43. 67	50. 31	51. 66	53. 24	33. 13	43. 74
9	43. 61	47. 18	45. 27	53. 93	45. 76	42. 24

表 4-3　处理 A 组新疆杨树干不同高度的含水率

处理时间/天	树干高度/m					
	0	1	2	3	4	5
	含水率/%					
1	44. 24	42. 38	42. 89	63. 66	43. 70	41. 56
2	44. 40	43. 97	47. 15	50. 63	41. 85	40. 72
3	42. 87	40. 71	43. 91	43. 34	38. 93	37. 53
4	45. 70	40. 45	44. 65	59. 45	40. 43	43. 60
5	43. 54	39. 43	42. 76	45. 06	39. 05	40. 30
6	42. 47	41. 15	39. 31	53. 70	36. 99	39. 48

（续）

处理时间/天	树干高度/m					
	0	1	2	3	4	5
	含水率/%					
7	38.46	35.54	37.41	40.95	35.27	34.59
8	36.28	37.55	35.98	41.41	36.65	34.43
9	39.04	38.14	37.06	36.23	34.75	32.68

表 4-4　处理 C 组新疆杨树干不同高度的含水率

处理时间/天	树干高度/m					
	0	1	2	3	4	5
	含水率/%					
1	65.52	54.30	63.74	74.61	58.09	44.10
2	52.95	54.18	46.60	62.56	46.29	37.86
3	42.36	43.86	41.18	47.39	43.09	45.90
4	35.73	42.01	42.83	48.14	43.84	48.11
5	44.11	42.68	45.01	62.12	41.63	43.17
6	43.80	43.43	40.94	42.46	41.38	39.27
7	41.16	39.81	39.41	51.98	34.23	39.41
8	41.12	43.45	42.20	64.65	38.10	41.64
9	37.87	39.46	37.54	72.11	37.30	39.24

表 4-5　处理 D 组新疆杨树干不同高度的含水率

处理时间/天	树干高度/m					
	0	1	2	3	4	5
	含水率/%					
1	41.69	51.63	49.42	44.52	44.63	39.05
2	43.06	45.96	39.39	39.93	38.87	38.78
3	41.58	37.13	39.07	40.04	41.07	32.33
4	43.99	40.23	40.34	38.95	41.20	41.15
5	39.45	39.01	40.07	35.63	35.05	36.87
6	45.61	43.52	36.62	45.68	38.56	36.51
7	42.90	35.79	38.52	34.98	34.37	35.02
8	38.19	35.65	42.14	34.87	37.97	33.23
9	38.91	36.42	35.98	47.43	34.27	40.47

水分切断处理后，不同放置方式对新疆杨木材含水率下降具有一定的影响作用。在本试验中，处理 C，即倾斜 45°的新疆杨含水率下降速率最快，为 2.02% MC/d，处理 A 和处理 D 的下降速率次之，分别为 1.26% MC/d 和 1.10% MC/d(表 4-6)。处理 C 的含水率

下降速率分别是处理 A 和处理 D 的 1.6 倍和 1.8 倍。可见，新疆杨切断水分处理后，倾斜 45°的放置方式会使水分散失的速度快一些。但通过放置方式对蒸腾作用影响的分析可以知道，放置方式并没有对蒸腾速率产生显著的影响(图 4-3)，各放置方式的平均蒸腾速率相差不大，只是处理 C 组蒸腾速率的中位数略高一些(图 4-3)，因此，导致处理 C 组新疆杨水分降低速率比较快的原因应该不是蒸腾速率引起的，而有可能是处理 C 组新疆杨的初始含水率比较高(图 4-4)，即该组新疆杨树木水分储量较高，这样，即使该组树木蒸腾速率与其他组没有明显差异，但水分散失量也相对会比较大，这与上一章的讨论结果相一致。

表 4-6　不同放置方式新疆杨含水率下降速率

杨树编号	处理	含水率下降速率/(% MC/d)			
		平均值	前 3 天	前 5 天	后 6 天
1	对照组	-0.65	0.90	-0.81	-1.17
2	处理 A	1.26	2.59	1.18	0.82
3	处理 C	2.02	8.04	3.40	0.01
4	处理 D	1.10	3.31	1.87	0.36

对所有放置方式而言，前 3~5 天的含水率下降速率都很高，但处理 C 的含水率下降速率最大，约为其他处理的 2~3 倍；而后 6 天的下降速率均比较低，尤其是处理 C，含水率基本没有降低。因此，不论对何种放置方式而言，水分的快速散失均发生在前 3~5 天。

此外，同上一章的结论一样，不同放置方式新疆杨立木木材含水率下降与累积蒸腾速率之间呈三次函数关系，且都存在拐点(S_1 ~ S_4，图 4-5)，此时树木含水率约为 41%，之后，由于木质部空穴和栓塞严重导致输水能力下降，树叶开始萎蔫、变干，水分散失速率也变得很慢。

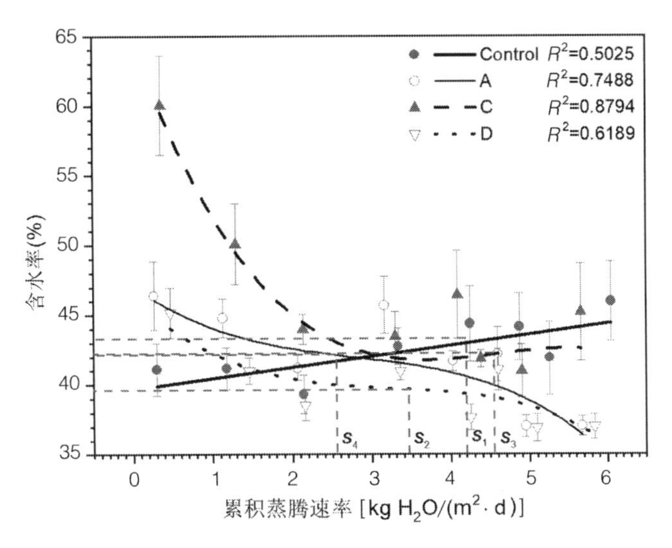

图 4-5　不同放置方式新疆杨蒸腾速率同含水率下降之间的关系

由图 4-6 可以看出，正常生长的新疆杨与切断水分后的新疆杨不同高度随处理时间的分布情况有显著的区别。对照组新疆杨的水分随着处理时间的延长，水分整体呈增加的趋势[图 4-6(a)]，而其他各组都呈降低趋势。在不同高度上，各处理组均呈先增加后降低的趋势，但对照组沿高度方向含水率最高的位置主要在 2 m 高的位置，而处理 A 组和处理 C 组的新疆杨沿高度方向含水率最高的位置主要在 3m 处[图 4-6(b)、(c)]，处理 D 组的在切断水分来源后的第 1、2 天，含水率最高的位置位于 1~2 m 的位置，随后各高度的含水率差异不是很明显，相对比较均匀，但 3 m 处的含水率仍然相对较高一些[图 4-6(d)]。对于切断水分来源的各处理来说，在树叶枯萎前后，4 m、5 m 处的含水率基本都已降到了纤维饱和点附近，而 0~3 m 处的含水率要略高一些，尤其是 3 m 处的含水率，仍然为高度方向上含水率最高的位置[图 4-6(b)~(d)]。

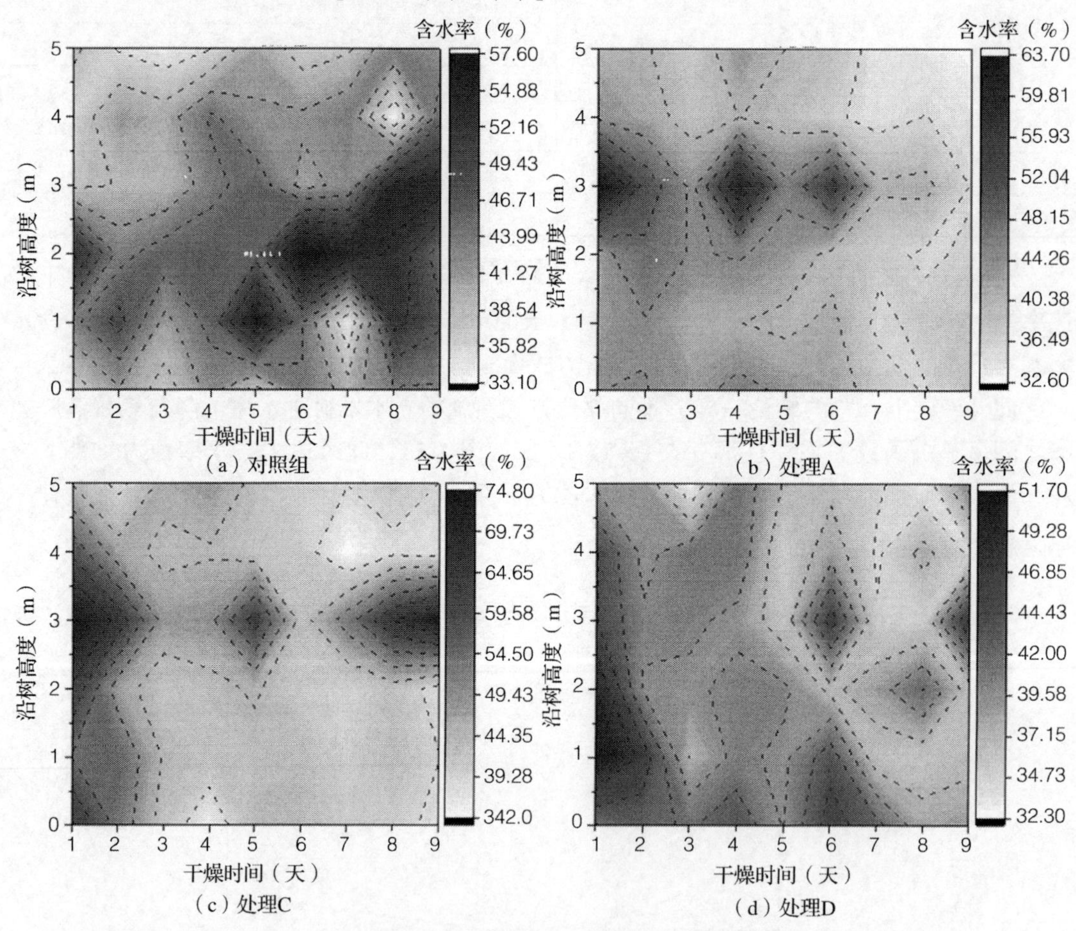

图 4-6 不同放置方式新疆杨不同高度含水率变化情况

此外，各处理新疆杨不同高度上的含水率基本都处于交替变化过程中，处理 A 组和处理 C 组新疆杨 3 m 处的含水率变化最为明显[图 4-6(b)、(c)]，含水率由高到低，再由低升高，该过程发生的时间约为 3~4 天左右。可见，新疆杨在蒸腾散失水分时，水分的传输可能不是等速连续传输，而是分段传输，在某种作用体系下，如 Zimmermann 等(2004)提出的“水门学说”或尚念科(2011，2013)提出的“负压传递假说”，水分由根部分段运输到顶部。在 0~5 m 高度范围内，2~3 m 处可能是水分长距离运输过程中进行中转的位置。

4.4　不同放置方式的新疆杨蒸腾特性与周围气候条件的关系

水分切断后，不同放置方式新疆杨周围环境气候条件变化情况如图 4-7 所示，由于试验时间相同，其变化趋势同第 2 章中的变化趋势相似。水分降低过程中，相对湿度的变化范围为 15%~55%[图 4-7(a)]，前 4 天由于降雨(图 4-8)的原因，相对湿度逐渐升高，然后又逐渐降低。空气温度的变化范围为 25~35 ℃，同样在前两天下降，然后又逐渐升高[图 4-7(c)]。处理 C 和处理 D 新疆杨周围的环境温度要略高一些，正常树木周围的温度是最低的。试验过程中呼和浩特当地的降雨情况和风速情况如图 4-8 所示。

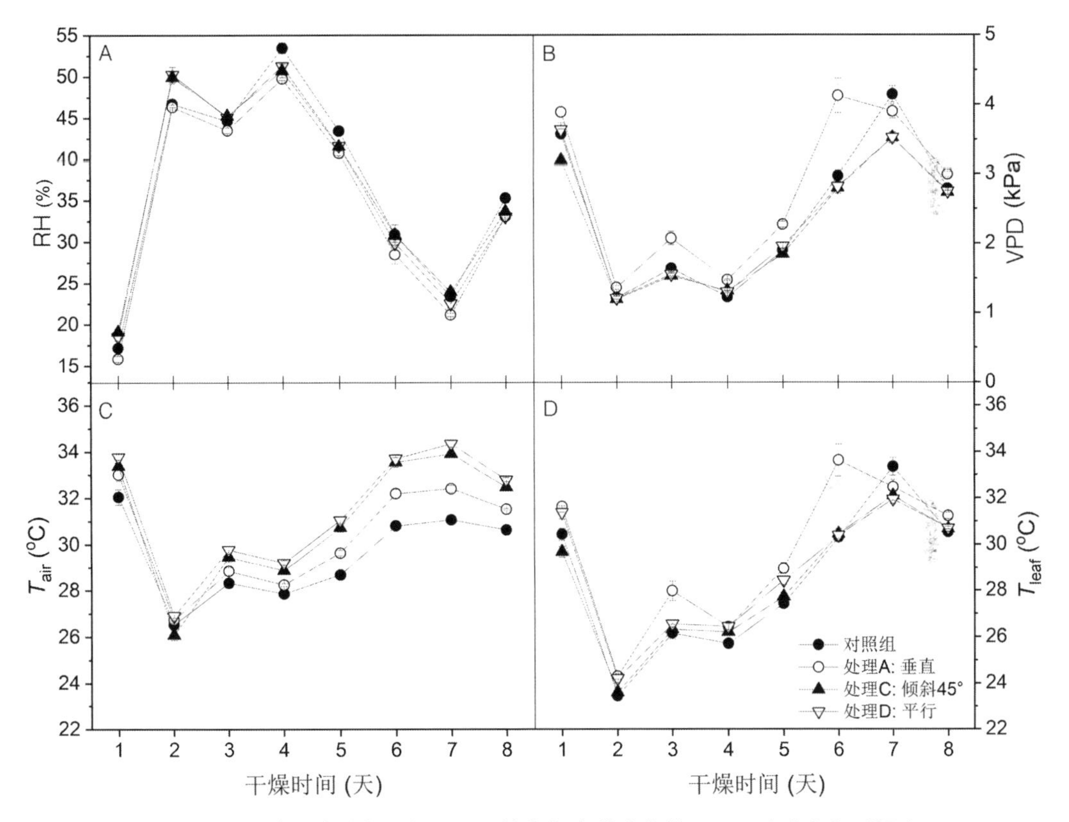

图 4-7　不同放置方式新疆杨周围环境气候条件变化情况：A 为空气相对湿度，RH；B 为蒸汽压差，VPD；C 为空气温度，T_{air}；D 为叶面温度，T_{leaf}

从各环境因子之间从相关性分析结果(表 4-7)来看，对四种处理而言，相对湿度同气孔内外蒸汽压差、空气温度及叶表温度之间的相关性都比较强($|r|>0.5$)，尤其是同蒸汽压差具有极强的相关性($|r|>0.8$)，空气温度和叶表温度之间也存在很强的线性相关性($|r|>0.8$)，因此，在分析蒸腾特性同气候条件的关系时，可以重点考虑相对湿度和空气温度或叶表温度同蒸腾特性之间的关系。

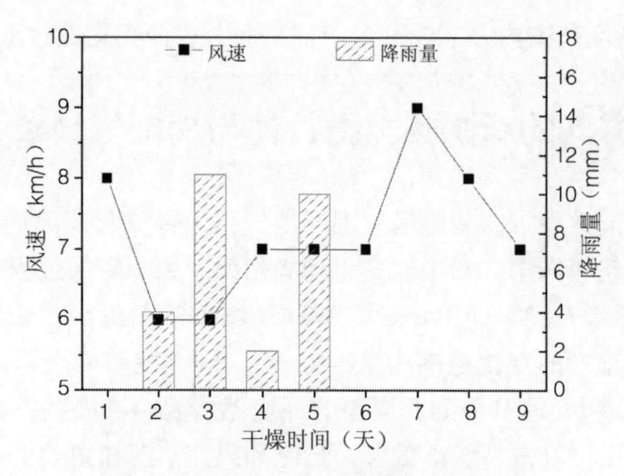

图 4-8　试验过程中的降雨情况和风速

表 4-7　新疆杨周围环境因子之间的相关性

	处理	RH	VPD	T_{air}	T_{leaf}
RH	对照组	1	-0.872**	-0.594**	-0.634**
	处理 A	1	-0.782**	-0.697**	-0.617**
	处理 C	1	-0.940**	-0.727**	-0.654**
	处理 D	1	-0.947**	-0.717**	-0.660**
VPD	对照组	-0.872**	1	0.479**	0.628**
	处理 A	-0.782**	1	0.453**	0.391**
	处理 C	-0.940**	1	0.657**	0.619**
	处理 D	-0.947**	1	0.687**	0.635**
T_{air}	对照组	-0.594**	0.479**	1	0.841**
	处理 A	-0.697**	0.453**	1	0.817**
	处理 C	-0.727**	0.657**	1	0.953**
	处理 D	-0.717**	0.687**	1	0.921**
T_{leaf}	对照组	-0.634**	0.628**	0.841**	1
	处理 A	-0.617**	0.391**	0.817**	1
	处理 C	-0.654**	0.619**	0.953**	1
	处理 D	-0.660**	0.635**	0.921**	1

注：“**”指在 0.01 级别(双尾)相关性显著。

从相关性分析结果(表 4-8)可以看出，正常新疆杨和处理后的新疆杨的蒸腾特性(蒸腾速率和气孔导度)均与周围环境气候条件具有显著的相关性，但线性相关强度存在一定的差异。对照组新疆杨和各处理组新疆杨的蒸腾速率同气孔导度和相对湿度之间均存在很强的正线性相关性($|r|>0.6$)，同相对蒸汽压差之间均存在很强的负线性相关性($|r|>0.6$)，但同空气温度和叶面温度的线性相关性要相对弱一些。对各处理组而言，蒸腾速率同气孔导度的线性相关性都很强($|r|>0.8$)，且相差不大，可以说明各处理组新疆杨的水分散失主要还是通过叶片蒸腾作用完成。对照组和处理 A 组的蒸腾速率与相对湿度的线

性相关性非常强(|r|>0.95)，但处理 C 组和处理 D 组的蒸腾速率和相对湿度的线性相关性要弱一些(|r|>0.6)，特别是当控制气孔导度变量后，对照组和处理 A 组仍跟相对湿度具有很高的线性相关性(|r|>0.8)，而处理 C 组和处理 D 组同相对湿度几乎不存在线性相关性(|r|≈0.3)，但对空气温度和叶表温度的线性相关性还比较显著(|r|>0.3)；而同时控制气孔导度和相对湿度变量后，对照组和处理 A 组蒸腾速率与蒸汽压差、空气温度和叶表温度的相关性都很弱(|r|<0.3)，处理 C 组和处理 D 组的蒸腾速率同蒸汽压差完全没有相关性($P>0.05$)，但同空气温度和叶表温度的相关性相对较强(|r|>0.3)。气孔导度的变化规律也比较类似。

因此，可以看出，各处理新疆杨的水分散失主要受相对湿度或蒸汽压差的影响，随着相对湿度的增加或者蒸汽压差的降低，蒸腾速率越大，水分散失速率越快(图 4-9)。但保持直立的新疆杨的水分散失主要受相对湿度或蒸汽压差的影响，而半倾和平放的新疆杨水分散失受温度的影响更多一些。这可能是因为保持直立的树木，空间位置比较高，受风等因素的影响，使其周围的相对湿度或气孔内外蒸汽压差的变化比较大，因此，其蒸腾速率受相对湿度或气孔内外蒸汽压差的影响更多一些。而半倾和平放的新疆杨，空间位置比较低，空气流动性比较差，因此，相对湿度或气孔内外蒸汽压差的变化比较小，而呼和浩特地区昼夜温差变化幅度比较大，因此，其蒸腾速率受温度的影响更多一些。

表 4-8　不同放置方式新疆杨蒸腾特性与环境气候条件的相关性

指标	r	E	g_s	RH	VPD	T_{air}	T_{leaf}
对照组							
E	相关	1	0.879**	0.963**	−0.867**	−0.510**	−0.570**
	偏相关	1	—	0.827**	−0.432**	0.032	0.003
	偏相关	1	—	—	−0.248**	0.248**	0.190**
g_s	相关	0.879**	1	0.919**	−0.872**	−0.593**	−0.649**
	偏相关	—	1	0.562**	−0.461**	−0.354**	−0.379**
	偏相关	1	—	—	−0.388**	−0.140**	−0.213**
处理 A							
E	相关	1	0.868**	0.962**	−0.785**	−0.606**	−0.538**
	偏相关	1	—	0.839**	−0.202**	−0.050	−0.023
	偏相关	1	—	—	−0.326**	0.312**	0.242**
g_s	相关	0.868**	1	0.922**	−0.842**	−0.677**	−0.609**
	偏相关	—	1	0.636**	−0.522**	−0.381**	−0.339**
	偏相关	1	—	—	−0.552**	−0.074	−0.09*
处理 C							
E	相关	1	0.875**	0.645**	−0.619**	−0.382**	−0.325**
	偏相关	1	—	−0.323**	0.282**	0.521**	0.504**
	偏相关	1	—	—	0.026	0.444**	0.436**

（续）

指标	r	E	g_s	RH	VPD	T_{air}	T_{leaf}
g_s	相关	0.875**	1	0.829**	−0.803**	−0.643**	−0.583**
	偏相关	—	1	0.717**	−0.672**	−0.706**	−0.670**
	偏相关	1	—	—	−0.082	−0.427**	−0.417**
处理 D							
E	相关	1	0.868**	0.652**	−0.616**	−0.511**	−0.486**
	偏相关	1	—	−0.219**	0.189**	0.368**	0.306**
	偏相关	1	—	—	−0.001	0.322**	0.266**
g_s	相关	0.868**	1	0.816**	−0.776**	−0.722**	−0.677**
	偏相关	—	1	0.664**	−0.608**	−0.664**	−0.599
	偏相关	1	—	—	−0.002	−0.451**	−0.398**

注："—"指偏相关分析中被控制的变量；"*"指在 0.05 级别（双尾）相关性显著，"**"指在 0.01 级别（双尾）相关性显著。

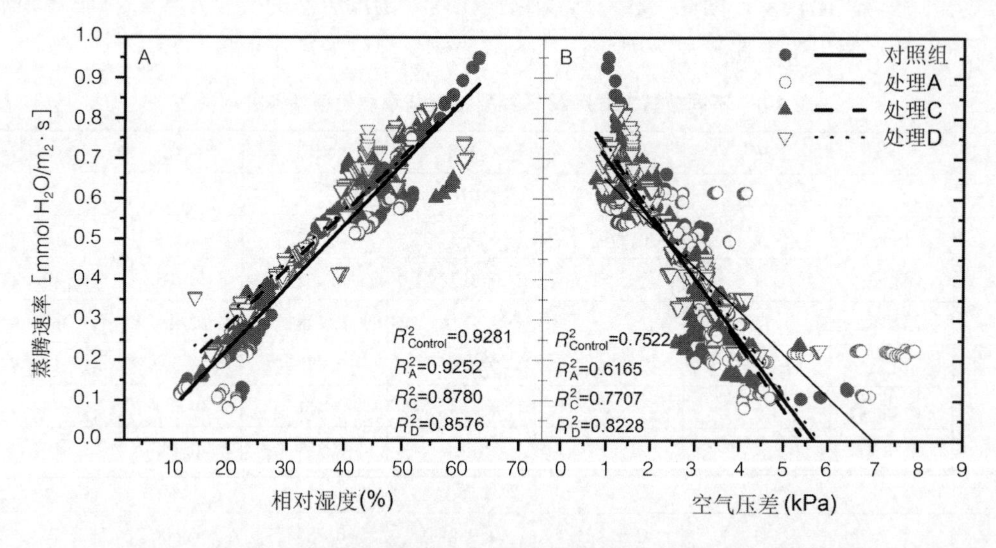

图 4-9　不同放置方式新疆杨蒸腾速率同相对湿度和蒸汽压差之间的关系

4.5　本章小结

本章对新疆杨进行水分切断处理后，分别使其保持直立、倾斜 45°和平躺于地面三种位置，测定了新疆杨木材水分降低过程中木材含水率、树叶蒸腾特性的变化情况，探讨了立木不同放置方式对水分降低及蒸腾速率的影响作用。主要结论如下：

（1）水分切断处理会使新疆杨的树叶蒸腾速率显著下降，但不同放置方式对树叶蒸腾作用的影响不大。

（2）不同放置方式对新疆杨木材含水率下降或水分散失的影响不大，水分的快速散失主要发生在水分切断处理后的 3~5 天。沿树木高度方向，含水率呈先增大后减少的变化规律，2~3 m 处的含水率最高，5 m 处的含水率最低，各高度的含水率呈交替变化规律，间隔时间约为 3~4 天。

(3) 各处理新疆杨的水分散失主要受相对湿度或蒸汽压差的影响，随着相对湿度的增加或者蒸汽压差的降低，蒸腾速率越大，水分散失速率越快。其中，保持直立的新疆杨的水分散失主要受相对湿度或蒸汽压差的影响，而半倾和平放的新疆杨水分散失受温度的影响更多一些。

第5章　活立木生理干燥过程中水分存在状态及其变化

在木材科学中，通常将木材内的水分分为化学水、结合水(吸着水)和自由水。化学水即存在于木材化学成分中的水，数量较少，通常不予考虑；自由水系存在于木材大毛细管系统(细胞腔和细胞间隙)中，与木材呈物理机械结合的水分；结合水或吸着水可分为吸附水和微毛细管水两种，其中吸附水系由纤维素游离羟基偶极场吸引水分子偶极，或游离羟基中的氢原子与水分子中氧原子相互作用形成的氢键，而被吸附在微晶表面和无定形区域纤维素链分子游离羟基上的水，微毛细管水则是由于液体表面张力的存在通过毛细管凝结形成的水分。自由水的变化通常对木材性质的影响较小，而结合水的变化则会显著影响木材的物理力学等性质。因此，在木材科学中，将自由水散失完而结合水仍处于饱和状态时称为纤维饱和点(Fiber Saturation Point，F. S. P.)，此时的含水率称为纤维饱和点含水率，它是木材物理力学等性质受含水率影响发生变化的起点。

而在植物生理学中，一般将植物体内水分的存在状态分为两类，即自由水和束缚水。这两种水分的划分也不是绝对的，而是相对的，也就是说，植物体内水分存在状态并不是一成不变的，而是随着植物体、细胞环境变化而变化。在植物水分代谢中，通常用自由水/束缚水的比值变化来反映植物体的代谢强度、生长速率和抗逆性等指标。

在基于蒸腾作用降低杨树立木木材水分的过程中，木材含水率发生了明显的下降，该过程中，水分存在状态及其变化情况，自由水/束缚水比值的变化情况，也就是说自由水和束缚水之间的转化情况尚不清楚。而且，在该过程中会不会存在某一点，类似于纤维饱和点，使树木的水力结构或生理特性发生明显变化？因此，在本章中，笔者通过低场时域核磁共振技术，根据木材中不同水分状态弛豫特性的不同，探讨了水分降低过程中水分的存在状态及其变化情况，并尝试寻找使树木水力结构及生理特性出现转折的临界点。

5.1　木材中不同状态水分的横向弛豫时间特性研究

木材中的水分通常分为自由水、结合水(束缚水)和化学水。从热力学的角度，也可以将木材等多孔材料中的水分分为不可冻结吸着水、可冻结吸着水和自由水三种(Nakamura et al.，1981；王哲 等，2014)。自由水同自然水(Pure water)具有相同的相变特征，即在

0 ℃时结冰，而可冻结吸附水，也就是结合水(其中一部分)，位于木材微毛细管系统中，由于表面张力形成的弯月面处的压力较低，使得毛细管中冰晶的融化温度(或水的冰点)降低，其下降值与孔径大小之间的关系可以根据吉布斯—托马斯方程[式(5-1)]表示(Jackson et al., 1990；Park et al., 2006)，并可以简化为式(5-2)。

$$\Delta T = T_0 - T_m(D) = \frac{-4T_0\gamma_{1s}\cos\theta}{D\rho H_f} \tag{5-1}$$

$$\Delta T = T_0 - T_m(D) = \frac{k_{GT}}{D} \tag{5-2}$$

式中：ΔT——孔隙中的冰晶融化温度下降值，K；

T_0——自然水的融化温度，273.15K；

$T_m(D)$——孔隙直径为 D 的孔隙中冰晶的融化温度，K；

γ_{1s}——冰—水界面表面能，取 12.1 mJ/m^2；

θ——冰与孔隙壁的接触角，取 180°；

D——孔隙直径，m；

ρ——可冻结吸着水密度，假设同非吸着水一样，1000 kg/m^3；

H_f——可冻结水融化比热，假设同非吸着水一样，333.6 J/g；

k_{GT}——熔点下降常数。

木材微毛细管系统的管径一般小于 10 μm(Telkki et al., 2013)，因此，结合水熔点(冰点)的最小下降值约为 0.004 ℃，细胞壁润湿状态下的孔径一般为 1~10 nm(王哲 等，2014)，那么，结合水熔点(冰点)的最大下降值可能为 40 ℃。基于这一原理，可以通过控制合适的温度，使木材中自由水全部结冰，而结合水仍保持液相状态。

在用核磁共振测试木材横向弛豫时间时，所测得的信号主要包括实体木材、细胞壁中的水分和细胞腔中的水分，实体木材是信号会很短的时间(几微秒)内衰减为 0，结合水的 T_2 约为几毫秒，自由水的 T_2 分布较广，约为十几毫秒到几百毫秒(Araujo et al., 1992；Araujo et al., 1993；Gao et al., 2015；Hsi et al., 1977；Menon et al., 1987；Riggin et al., 1979；Telkki et al., 2013)，冰的横向弛豫时间仅有 6 μs 左右(Telkki et al., 2013)。这样就可将木材中结合水和自由水的信号区分开，在 0 ℃以上测得的信号为自由水的信号，0 ℃以下测得的是结合水的信号，当然，该前提是假设 0 ℃时，木材中的自由水全部结为冰，而结合水都尚未结冰。但在实际木材中，由于水分中溶有抽提物等因素，会使水分的熔点下降 0.1~2 ℃(Gao et al., 2015)，因此，为确保自由水可以全部冻结，在具体试验过程中选择-3 ℃为自由水和结合水是否结冰的临界温度。

5.1.1　材料与方法

5.1.1.1　试验材料

本试验所用木材采自第 4 章试验中用于测蒸腾特性的新疆杨(15 号树)胸径处，根据颜色区分心边材，并分别制作心边材试样，试样尺寸为 0.5 mm(R)×0.5 mm (T) ×15 mm (L)。

5.1.1.2 仪器与设备

本试验所用的主要仪器和设备有：低温核磁共振仪(MiniMR-11/22MHz)，纽迈电子科技有限公司，磁场强度0.5 T，探头直径10 mm，磁体温度为(32±0.02)℃，样品室温度范围为-40~40 ℃，控温精度为0.01 ℃；真空干燥箱；天平，精度为0.001 g；手锯、美工刀、冰柜、保温瓶等。

5.1.1.3 试验方法

(1)试样含水率控制

试样制作完成后，先记录其初始质量($W_{initial}$)，然后在温度为(103±2) ℃的烘箱中烘至绝干，然后将绝干试样放入蒸馏水中进行饱和处理，饱和处理的方法是先真空含浸12 h，然后在室温常压下浸泡1周以上，然后记录其饱和质量($W_{saturated}$)，并计算饱和含水率($MC_{saturated}$)，然后在60 ℃条件下将其烘至目标含水率水平200%、100%、80%、50%、30%和10%，记录各含水率水平下的实际质量(W_{final})，计算终含水率(MC_{final})，然后将试件密封冷冻保存。该过程中含水率按式(3-1)计算。试样含水率如表5-1所示。

表5-1 新疆杨木材横向弛豫特性试样含水率

试样编号	心边材	质量/g				含水率/%		
		初始	绝干	饱和	最终	初始	饱和	最终
1	边材	0.221	0.184	0.609	0.609	20.11	230.98	230.98
2	边材	0.291	0.231	0.654	0.448	25.97	183.12	93.94
3	边材	0.271	0.226	0.694	0.348	19.91	207.08	53.98
4	边材	0.271	0.214	0.647	0.295	26.64	202.34	37.85
5	边材	0.224	0.178	0.561	0.210	25.84	215.17	17.98
6	心材	0.206	0.175	0.670	0.570	17.71	282.86	225.71
7	心材	0.244	0.206	0.670	0.370	18.45	225.24	79.61
8	心材	0.274	0.227	0.750	0.330	20.70	230.40	45.37
9	心材	0.265	0.210	0.660	0.270	26.19	214.29	28.57
10	心材	0.210	0.172	0.580	0.210	22.09	237.21	22.09

(2) 横向弛豫时间测试参数设定

本试验采用SEG-CPMG脉冲序列对木材水分的横向弛豫时间(T_2)进行测定。SEG-CPMG序列与CPMG序列的主要区别在于前者将传统CPMG序列分成两个部分，两部分设置不同的90°~180°脉冲延时(τ)和回波个数(NECH)：第一部分设置较短的90°~180°脉冲延时和较多的回波个数，主要用于测定信号量较少的短弛豫信号；第二部分设置较长的90°~180°脉冲延时和较少的回波个数，主要用于测定信号量较多的长弛豫信号，以节省测试时间。常规CPMG脉冲序列如图5-1(a)所示，不同τ的CPMG序列如图5-1(b)所示。

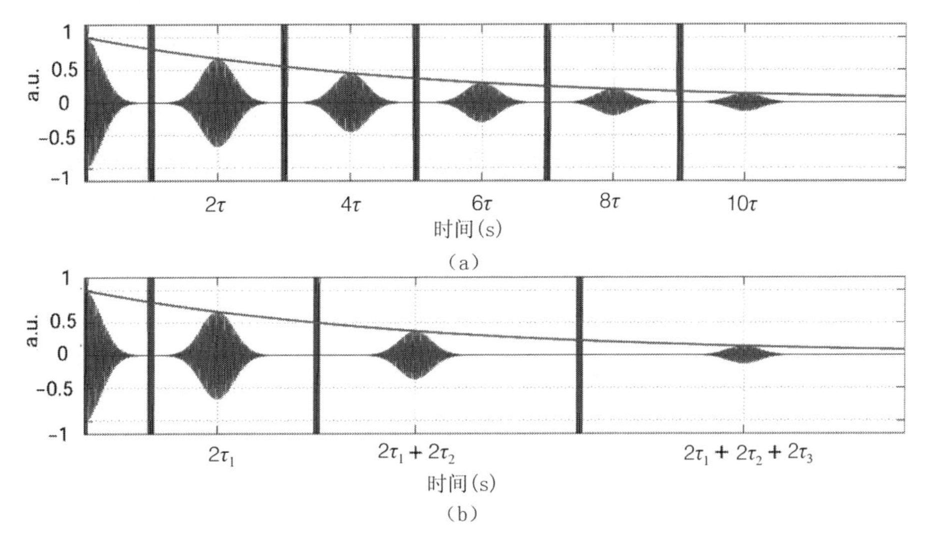

图 5-1　CPMG 脉冲序列和 SEG-CPMG 序列之间的差异

在本试验中，SEG-CPMG 脉冲序列的参数设置如下：90°脉冲宽度(P_1)为 3 μs，180°脉冲宽度(P_2)为 6 μs，采样频率(SW)为 250 kHz，重复等待时间(TW)为 3000 ms，SEG1 的 90°~180°脉冲延时(τ)为 0.047 ms，回波时间为 0.1 ms，重复采样次数(NS)为 64 次，回波个数为 5000 个，SEG2 的 90°~180°脉冲延时(τ)为 0.497 ms，回波时间为 1 ms，回波个数为 3000 个。不同温度下的测试采用相同的参数设置。数据反演均采用自带软件中的 CONTIN 算法进行反演。

(3) 低场核磁共振试验方法

首先，将样品室温度设定为室温 25 ℃，待温度稳定后，将装有控制好含水率木材试样的样品管放入样品室，稳定 3~5 min，然后进行室温下横向弛豫时间的测量；然后，将样品室温度降至-15 ℃，保持 1 h，然后将温度升至-6 ℃，保持 1 h，再将温度升至-3 ℃，保持 15~30 min，待样品室温度稳定后，进行 T_2 的测量。

核磁共振信号强度与温度之间的关系见式(5-3)，可见，信号强度与温度呈反比关系，因此，必须考虑温度不同对采集到的信号量的影响，并采用式(5-3)进行修正。

$$M = \frac{N\gamma^2 h^2 I(I+1)H_0}{3kT} \tag{5-3}$$

式中：M——磁化强度，A/m；

N——自旋密度，有效氢核数/m³；

γ——旋磁比，rad/(s · T)；

h——普朗克常数，(6.62607015×10^{-34} J · s)/2π；

I——自旋量子数；

H_0——磁场强度，A/m；

k——玻尔兹曼常数，1.380649 × 10^{-23} J/K；

T——绝对温度，K。

在本试验中采取了两个温度，即室温 25 ℃(298 K)和-3 ℃(270 K)，进行测量，为了便于计算和比较，以下将-3 ℃下的信号量乘以修正系数 $\alpha_T = (270/298)$ (Telkki et al., 2013)进而转化成 25 ℃下的信号强度，然后进行后续相关计算和比较。

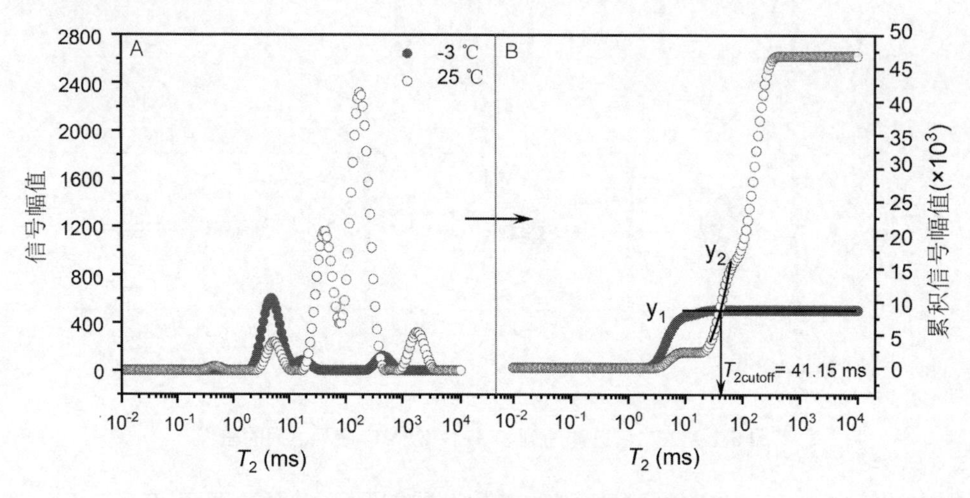

图 5-2　横向弛豫时间截止值确定方法示意图

(4) 自由水/结合水横向弛豫时间截止值($T_{2cutoff}$)确定方法

首先，在室温(25 ℃)下用核磁共振测得一个横向弛豫时间(T_2)分布谱(图 5-2A)，该谱的线下积分面积可代表自由水和结合水的总量。然后将该 T_2 离散分布谱顺次累加得到一条代表水分含量累加的 T_2 连续谱(图 5-2B)。然后，在-3 ℃下测得表示结合水含量的 T_2 分布谱(图 5-2A)，同样转换成代表结合水含量累加的 T_2 连续谱(图 5-2B)。

然后，在结合水含量累加曲线的最大值处，作与 X 轴平行的直线 y_1(图 5-2B)，在自由水和结合水总含量曲线与 y_1 直线相交位置附近，作自由水和结合水总含量曲线的部分拟合直线 y_2(图 5-2B)。最后，通过计算两直线的交点，确定自由水/结合水横向弛豫时间的截止值。

5.1.2　不同温度和含水率状态下杨木木材横向弛豫时间衰减曲线

不同含水率的杨木边材在 25 ℃和-3 ℃的横向弛豫时间(T_2)衰减曲线如图 5-3 所示。可见，在室温条件下，当含水率越高的时候，首峰点信号幅度(强度)越大，信号衰减到平衡位置时所需的时间越长，随着含水率的降低，其幅度也随之降低，信号衰减到平衡位置所需的时间也越短(图 5-3A)。而-3 ℃时，当含水率在纤维饱和点以上时，首峰点信号幅度的变化并不大，基本保持一致，当含水率下降到纤维饱和点以下时，首峰点信号幅度才开始出现明显的下降；除了饱和含水率(230. 98%)试样外，其他含水率试样的信号衰减时间都非常短(图 5-3B)。

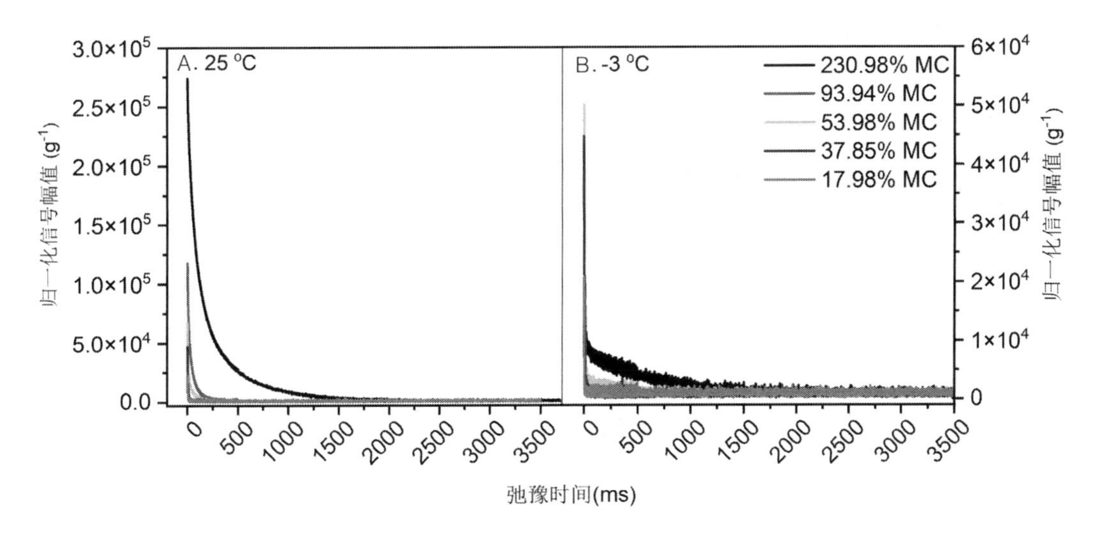

图 5-3　不同温度和含水率条件下杨木边材 T_2 衰减曲线

不同含水率的杨木心材在 25 ℃和−3 ℃的横向弛豫时间衰减曲线如图 5-4 所示。其变化规律与边材相似，在室温条件下，随着含水率的下降，首峰点信号强度逐渐下降，信号衰减至平衡位置的时间也随之缩短。在−3 ℃时，当含水率在纤维饱和点以上时，首峰点信号幅度的变化并不大，基本保持一致，信号衰减至平衡位置的时间相对较长一些(图 5-4A)；当含水率下降到纤维饱和点以下时，首峰点信号幅度才开始出现明显的下降，信号衰减至平衡位置的时间相对较短一些(图 5-4B)。

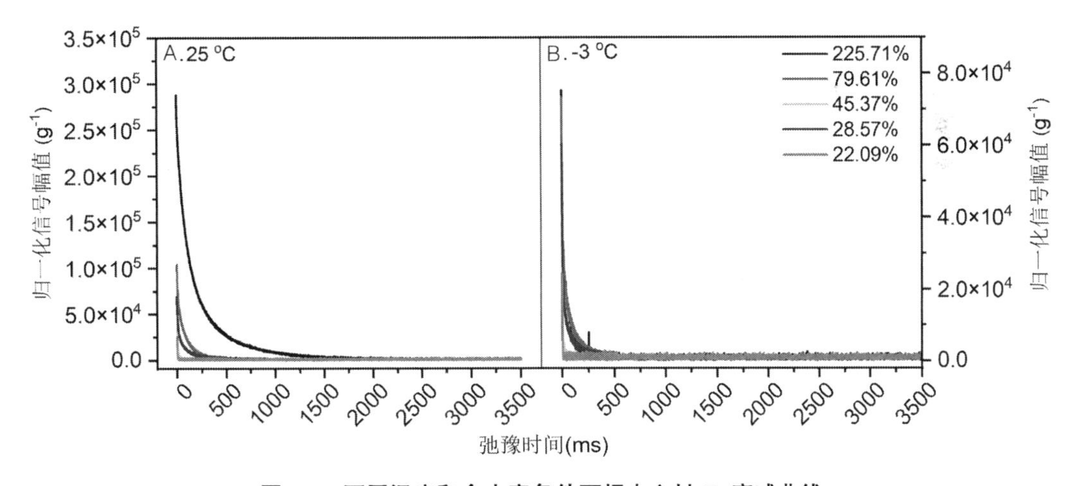

图 5-4　不同温度和含水率条件下杨木心材 T_2 衰减曲线

在室温条件下，心边材的衰减规律基本一致，饱和含水率的衰减时间最长，约在 2 s 时衰减完全，其他含水率水平的衰减时间都比较短，约在 500 ms 以内，而含水率在纤维饱和点附近或低于纤维饱和点时，衰减时间会更短，约在 50 ms 以内。温度在−3 ℃时，边材饱和含水率的衰减时间仍比较长，约为 1.5 s(图 5-3B)，只是信号幅度小于室温时同时间的幅度，而心材饱和含水率的衰减时间要短很多，约为 700 ms(图 5-4B)，信号幅度同样小于室温时同时间的信号幅度。其他含水率水平的衰减时间要短一些，与室温时一样，约为 500 ms，而当含水率在纤维饱和点附近或低于纤维饱和点时，信号衰减基本在 50 ms 内完成，心边材并没有明显区别。

5.1.3　不同含水率杨树木材自由水/结合水横向弛豫时间截止值

图 5-5 为室温条件下不同含水率杨木边材横向弛豫时间分布图谱，饱和含水率时，T_2 分布谱主要包含三个不同的峰，即弛豫时间为 1～10 ms、10～100 ms 和 100～1000 ms 的峰，随着含水率的降低，100～1000ms 的峰最先消失，10～100 ms 的峰在纤维饱和点附近消失，而 1～10 ms 的峰一直存在，这与−3 ℃时的峰位置变化一致，但在 10～100 ms 仍会出现一些小峰(图 5-6)，不过其所占比例都比较小。而且在纤维饱和点以下，10 ms 以下的峰还会有左移的趋势(图 5-6)。

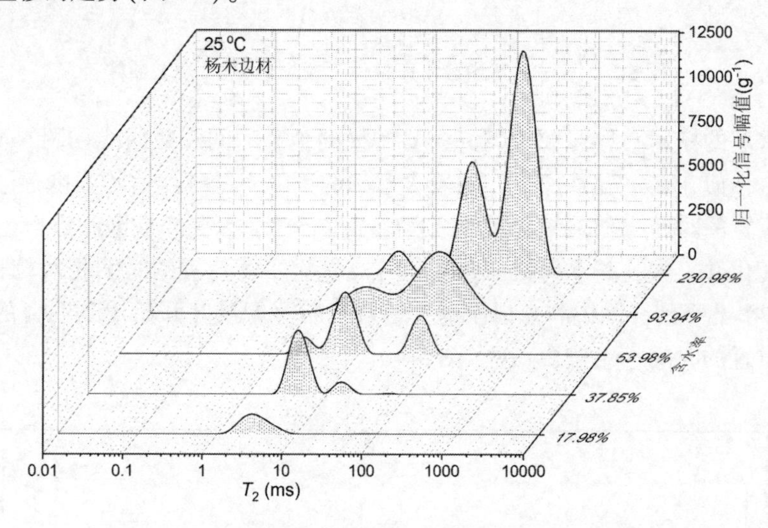

图 5-5　室温条件下不同含水率杨木边材 T_2 分布谱

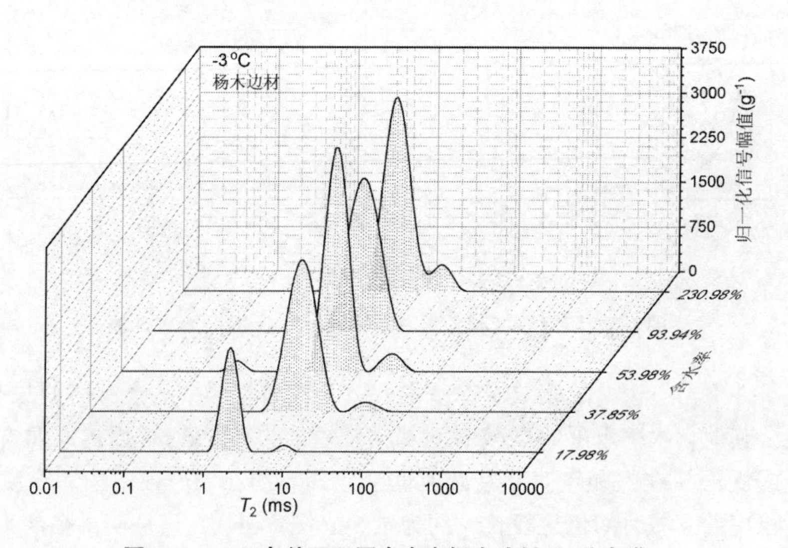

图 5-6　−3 ℃条件下不同含水率杨木边材 T_2 分布谱

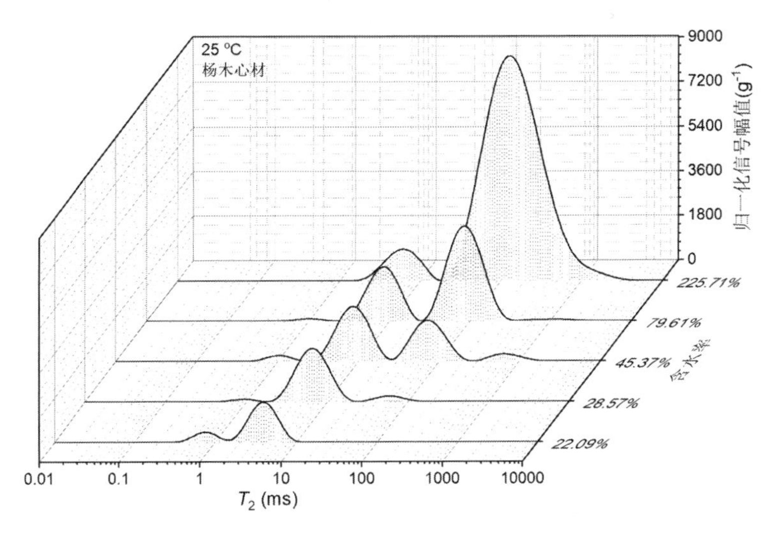

图 5-7　室温条件下不同含水率杨木心材 T_2 分布谱

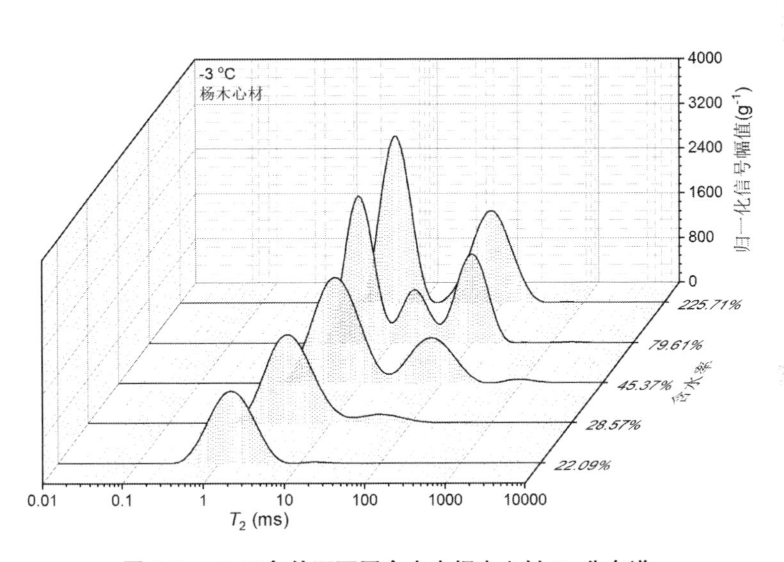

图 5-8　−3 ℃条件下不同含水率杨木心材 T_2 分布谱

不同含水率新疆杨心材在室温和−3 ℃条件下的自旋—自旋弛豫时间 T_2 的分布变化情况如图 5-7 和图 5-8 所示。室温时，饱和含水率木材的 T_2 分布主要有两个峰，1～20 ms 峰和 20～1000 ms 峰，随着含水率的降低，20～1000 ms 峰逐渐变窄，变成 20～300 ms 的峰，在纤维饱和点附近或以下时，T_2 分布峰主要是 1～20 ms 的峰。−3 ℃时，含水率在纤维饱和点以上时，T_2 分布峰主要为 1～20 ms 峰和 20～300 ms 峰，但 20～300 ms 峰相比于 25 ℃时信号幅度要弱很多；含水率在纤维饱和点附近或以下时，T_2 分布峰主要为 1～20 ms 峰，而且当含水率低于纤维饱和点时，峰同样存在左移的现象。

表 5-2　杨树木材自由水/结合水横向弛豫时间截止值($T_{2cutoff}$)

心边材	$T_{2cutoff}$/ms				
	200%	80%	50%	平均值	标准差
边材	40.68	26.83	42.94	36.82	7.12
心材	71.82	92.78	108.62	91.07	15.07

注：200%、80%和50%表示试样的含水率水平。

在纤维饱和点以上时，不同含水率杨树木材自由水/结合水横向弛豫时间截止值见表5-2。边材的 $T_{2cutoff}$ 约为(36.82±7.12) ms，而心材的 $T_{2cutoff}$ 约为(91.07±15.07) ms。可见，边材的 $T_{2cutoff}$ 要比心材的小很多，说明杨木心材的纤维饱和点要高于边材，这与李琳等对山地杨心边材纤维饱和点的研究结果相一致(李琳 等, 2014)，这可能是由于心材中吸水性内含物较多造成的。

5.1.4　杨树木材水分存在状态随含水率的变化

杨木边材水分状态随含水率的变化情况如图 5-5 所示。在饱和含水率时，边材有 3 个明显的 T_2 分布峰，说明此时木材中主要有三种不同状态的水，一种是与木材结合很弱的水(最右边的峰，图 5-5)，一种是结合很强的水(最左边的峰，图 5-5)，还有一种中等结合强度的水(处于中间位置的峰，图 5-5)，与−3 ℃的峰对比(图 5-6)，可以知道最左边的峰为结合水的峰，而右边的两个峰都为自由水的峰。在多孔材料模型中，弛豫时间(T_1 和 T_2)都与孔径呈正相关关系(Mohnke et al., 2014)，也就意味着弛豫时间越长，水分所在的孔隙直径就越大。

对木材中的自由水而言，主要是细胞腔中的水，既然存在两个明显的峰，说明边材中至少有两类孔径差别比较明显的细胞腔。在新疆杨的微观构造中，导管的弦向直径为 37.8~67.5 μm，木纤维的弦向直径为 20.13~26.90 μm(高晓霞 等, 1998)，因此，饱和含水率时比较明显的 2 个自由水峰，有可能主要是位于导管和木纤维细胞腔中的水分，导管的管径约是木纤维的 2~3 倍，其细胞腔中的水的弛豫时间约为木纤维的 2~9 倍。对大孔径而言，弛豫时间将正比于 R^2(Araujo et al., 1993)，中间峰的位置约为 41 ms 处，而右边峰的位置约为 178 ms 处，基本符合这一数量关系。

在含水率下降至纤维饱和点附近的过程中，最右边的峰先消失，中间峰逐渐变小，最后基本消失，而左边峰位置的变化并不明显，这与含水量的变化相一致，该过程中自由水的含量一直降低，在含水率为 37.85%时，自由水基本完全散失，结合水含量的变化不明显(图 5-9A)。当含水率下降至纤维饱和点以下时，中间峰和右边峰基本消失，左边的峰开始减小，即结合水含量逐渐下降(图 5-9A)。

对心材而言，变化趋势与边材相似，但也有一些差异。在饱和含水率时，室温条件下心材主要有两个峰(图 5-7)，与边材相比，中间峰和右边峰相重叠，也说明在心材中各类细胞腔的孔径(有效孔径)差异没有边材明显。在杨木微观构造中，心边材构造差异主要为边材具有较高的导管密度，且导管内壁平整光滑，而心材导管壁上有大量的隔板状薄膜，将心材导管腔分隔成很多小腔室(李琳 等, 2014)，使其有效孔径降低，与纤维腔径差别不

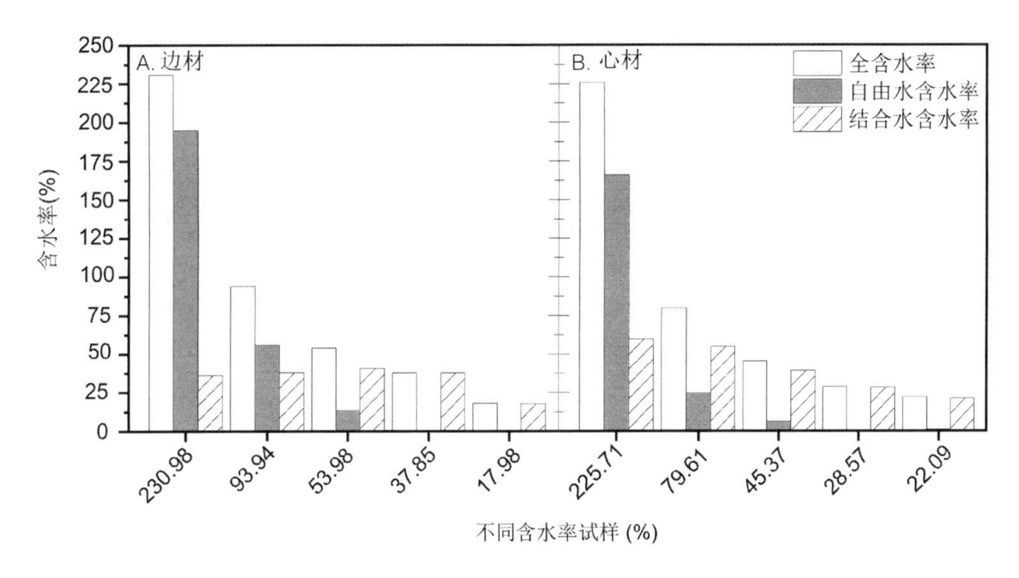

图 5-9　不同含水率杨木心边材水分存在状态及其变化

大，因此，使得自由水峰相重叠。而在-3 ℃时，自由水位置的峰仍存在，只是信号幅度较小(图 5-8)，这有可能是内含物和导管腔壁上的隔板状薄膜的表层吸附水要多于边材腔壁吸附水造成的，这也是心材结合水弛豫时间较长(表 5-2)，纤维饱和点较高的原因。

随着含水率的降低，自由水和结合水含量均逐渐降低(图 5-9B)，但自由水含量下降幅度很大，而结合水在高含水率时的下降幅度较小，在低含水率时较大，这可能是因为，在高含水率时，结合水含量的下降主要是由于内含物和导管腔壁上的隔板状薄膜的表层吸附水的降低，这部分水的结合力相对较弱(峰偏右，图 5-7)，容易转变成自由水而散失。在纤维饱和点附近及以下时，自由水基本散失完全(图 5-9B)，结合水的散失主要来自细胞壁中的水(图 5-8)。

5.1.5　小　结

本节通过测定不同含水率杨木心边材在室温(25 ℃)和低温 (-3 ℃)条件下的横向弛豫时间(T_2)，探讨了杨木木材自由水/结合水的截止值($T_{2cutoff}$)，以及不同含水率状态下木材中水分的存在状态和变化情况，主要结论有：

(1) 杨木心边材的自由水/结合水截止时间 $T_{2cutoff}$ 存在较明显的差异，心材的 $T_{2cutoff}$ 值要明显大于边材的 $T_{2cutoff}$ 值。其中，心材的 $T_{2cutoff}$ 值约为(91.07±15.07) ms，边材的 $T_{2cutoff}$ 值约为(36.82±7.12) ms。

(2) 在杨木木材中，主要存在两种状态的水，即自由水和结合水，其中自由水包含导管等孔径较大的细胞腔水和木纤维等孔径较小的细胞腔水两种类型。

(3) 在含水率降低过程中，杨木心边材自由水均先散失，到纤维饱和点附近时基本完全散失，杨木边材结合水在纤维饱和点以上时基本保持不变，在纤维饱和点以下时开始降低，而杨木心材结合水在纤维饱和点以上就会产生小幅度的下降。

5.2 活立木生理干燥过程中的水分存在状态与变化

5.2.1 材料与方法

5.2.1.1 试验材料

本试验所用新疆杨与第 3 章、第 4 章一样，同样选用 9~10 年生的新疆杨为试验树种，具体取样树木为 11~14 号新疆杨(表 4-1)。

5.2.1.2 仪器与设备

本试验所用的主要仪器和设备有：低场时域核磁共振仪(Micro MR-22MHz)，上海纽迈电子科技有限公司，磁场强度 0.5 T，探头直径 15 mm，磁体温度为(32±0.02)℃；常规干燥箱；天平，精度为 0.001 g；生长锥，内径 5 mm，冰柜、保温瓶等。

5.2.1.3 试验方法

(1) 试样制备

试样制备方法与第 3 章中含水率试样制备方法一致。

(2) 横向弛豫时间测试

制备好试样后，先进行横向弛豫时间测试，采用 CPMG 脉冲序列进行测试。CPMG 脉冲序列的参数设置如下：90°脉冲宽度(P_1)为 13 μs，180°脉冲宽度(P_2)为 26 μs，采样频率(SW)为 250 kHz，重复等待时间(TW)为 1000 ms，90°~180°脉冲延时(τ)为 0.1 ms，回波时间为 0.226 ms，重复采样次数(NS)为 4 次，回波个数为 2000 个。数据反演采用自带软件中的 CONTIN 算法进行反演。

(3) 含水率测试

横向弛豫时间测试完后，立即进行含水率测试，测试方法同第 3 章中的测试方法。

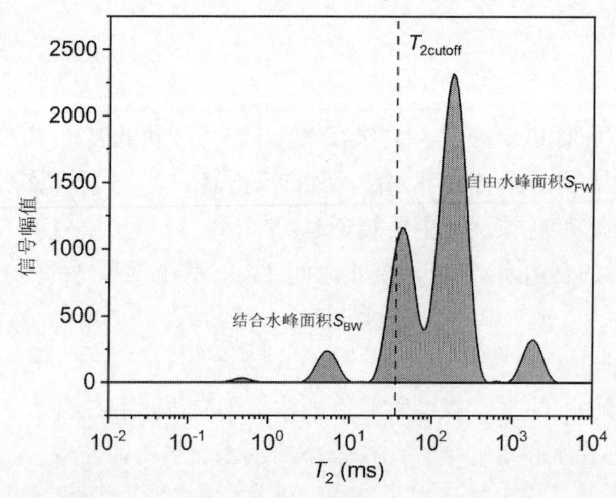

图 5-10 自由水/结合水含量计算方法示意图

(4) 自由水/结合水计算方法

自由水和结合水的含量根据 T_2 分布谱的峰面积进行计算，根据 5.1 中确定的新疆杨边材自由水/结合水截止值 $T_{2cutoff}=36$ ms（表 5-2），将室温条件下的 T_2 分布谱分为两个部分，即 $T_2<T_{2cutoff}$ 的结合水部分，该部分的峰面积由 S_{BW} 表示；另一部分是 $T_2>T_{2cutoff}$ 的自由水部分，该部分的峰面积由 S_{FW} 表示，总的峰面积由 S_T 表示。则自由水、结合水含量根据下式进行计算：

$$MC_{BW}=\frac{S_{BW}}{S_T}\times MC_{sample} \tag{5-4}$$

$$MC_{FW}=\frac{S_{FW}}{S_T}\times MC_{sample} \tag{5-5}$$

式中：MC_{BW}——结合水含量，% MC；

MC_{FW}——自由水含量，% MC；

$MC_{samples}$——试样含水率，%。

自由水和结合水的比值(Ω)由下式进行计算：

$$\Omega=\frac{MC_{FW}}{MC_{BW}} \tag{5-6}$$

5.2.2 杨树活立木生理干燥过程中水分存在状态及其变化

对各处理新疆杨而言，水分切断后，不同放置方式(处理 A，直立；处理 C，倾斜 45°；处理 D，平躺；图 4-1)新疆杨边材水分的 T_2 分布谱如图 5-11~图 5-14 所示。无论何种处理方式，都存在三个峰，1 ms 处、10 ms 处和 100 ms 处的峰，其中，10 ms 处的峰最为明显，100 ms 处的峰较明显。从 $T_{2cutoff}$ 值可以看出，1 ms 和 10 ms 处的峰应该为结合水，而 100 ms 处的峰应为自由水。可见，在自由水/结合水截止值 $T_{2cutoff}$ 的左侧有两个峰，右侧有一个峰，也就是说，在该过程中，对结合水而言，存在两种不同状态的水，最右边峰所代表的水分被束缚的最强，有可能是直接通过氢键与纤维素、半纤维素或者部分木质素上游离羟基相连接的水，而稍靠左边的峰，束缚强度稍弱一些，可能是微毛细管系统中孔腔

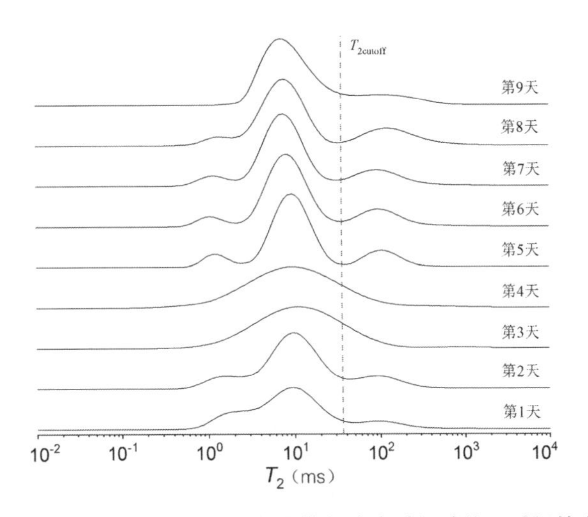

图 5-11　对照组新疆杨边材水分横向弛豫时间随处理时间的变化

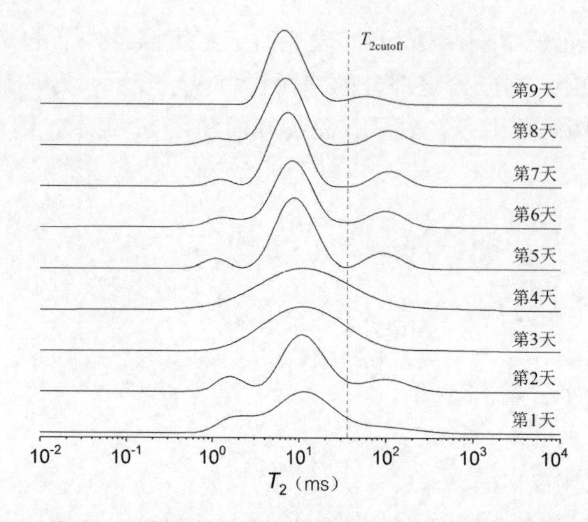

图 5-12　处理 A 组新疆杨边材水分横向弛豫时间随处理时间的变化

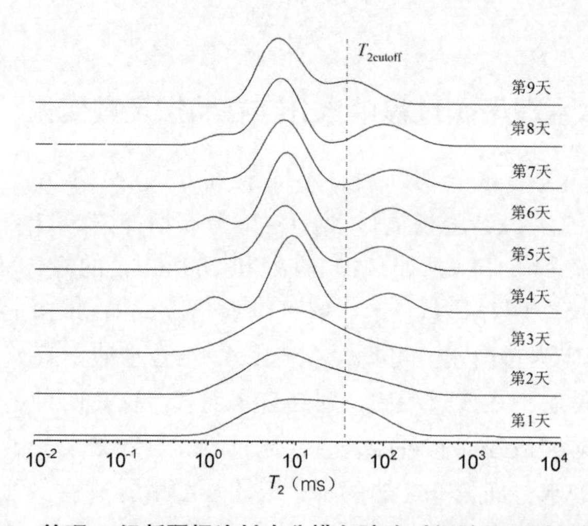

图 5-13　处理 C 组新疆杨边材水分横向弛豫时间随处理时间的变化

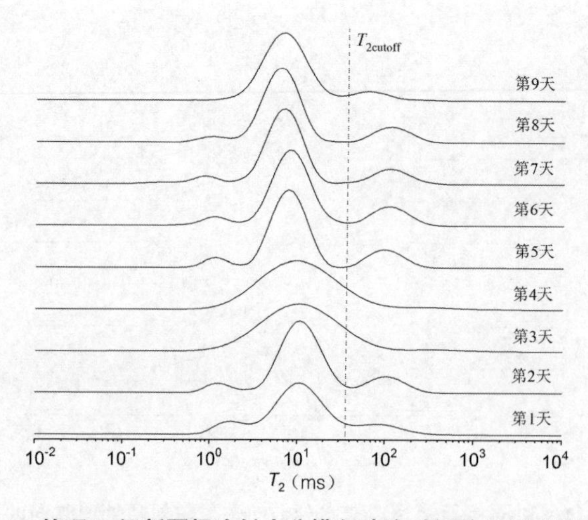

图 5-14　处理 D 组新疆杨边材水分横向弛豫时间随处理时间的变化

中的水分，这部分水所占的体积也相对较大。而自由水峰应该主要是导管和较大木纤维细胞腔中的水分。

各水分状态随处理时间的变化情况如图5-15所示。随处理时间的延长，对照组新疆杨(图5-15A)的含水率呈增加趋势，这与试验过程中发生降雨有关，自由水和结合水也都呈增加趋势，其中，自由水一直在增长，而结合水的变化规律基本同含水率的变化相一致，这说明在水分通过蒸腾作用散失的过程中，并不是直接散失自由水，也就是说，散失的水分并不是直接从根部运输到叶片的，而是通过自由水和结合水之间交替变化而进行水分运输的，对于正常树木而言，在土壤水分充足的情况下，自由水会得到充足的补充，进而使自由水不断增加。

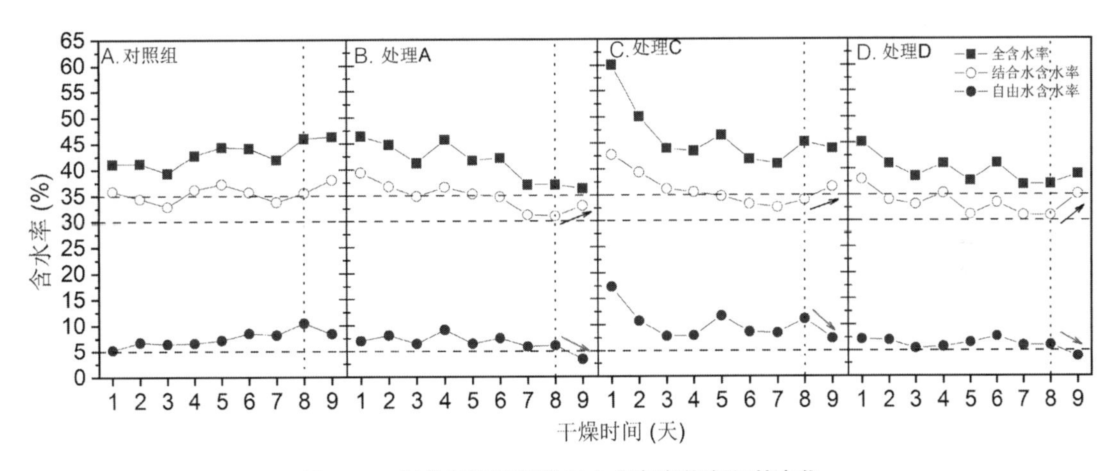

图5-15　各处理新疆杨边材水分存在状态及其变化

切断边材处理的各组新疆杨，没有水分的吸收和补给，因此，在水分通过蒸腾作用散失的过程中，随着含水率的下降，自由水和结合水均呈下降的趋势，而且在树叶枯萎之前(第8天)，自由水、结合水的变化规律基本一致，随着含水率的降低而降低，自由水含水率降至5%左右后基本维持不变(图5-15B~D)，此时，结合水含水率基本也降至最小值(30%左右，图5-15B~D)，这也说明，植物蒸腾散失水分过程中，木质部水分的传输并不是通过导管直接将水分从底部运输到顶部，而是通过细胞壁内的微毛细管系统和导管等大毛细管系统共同作用，在水分状态交替变化过程中，实现水分的长距离运输。而该过程，也很有可能是木质部内负压的传递方式。

在第9天，即树叶完全枯萎(图3-7)之后的1天，含水率基本保持不变，但自由水和结合水的含量却发生了改变(图5-15B~D箭头所指部分)。其中，自由水含量降低，而结合水含量升高，使结合水含量达到35%左右(纤维饱和点附近)。在总含水率基本保持不变的前提下，这说明自由水部分转化成了结合水，也就是说导管、纤维腔等大毛细管中的水转移到了细胞壁等微毛细管中。这一现象发生的原因可能是：由树叶蒸腾产生的蒸腾拉力或者负压，并不像“内聚力—张力学说”描述的那样，沿连续水柱从顶部传至根部(Cochard et al.，2000)，因为在切断边材后，该负压传递系统就会被破坏，导致负压无法传递，这样也就无法进行水分的传输，但试验结果表明，水分切断后，木质部中的水分依然在顺利传输。因此，木质部中负压的传递有可能是通过微毛细管系统和导管中的空穴现象相结合而分段传递的，并不依赖连续水柱，这样，在切断水分来源后，仍可以保证负压的顺利传递，也就可以使木质部中的水分得以顺利运输。但当树叶完全枯萎后，树叶蒸腾作用消失，蒸腾拉力或者负压源消失，但已经传递至木质部微毛细管系统中的负压并不会立即消失，而是通过将导管中的自由水吸入微毛细管系统中，将负压传递到导管中形成空穴，此时没有足够的自由水供给，空穴不能得到及时恢复，进而形成栓塞达到力学平衡状态。这样也就将部分自由水转变成结合水，而使木质部中的负压消失，最终达到平衡状态。

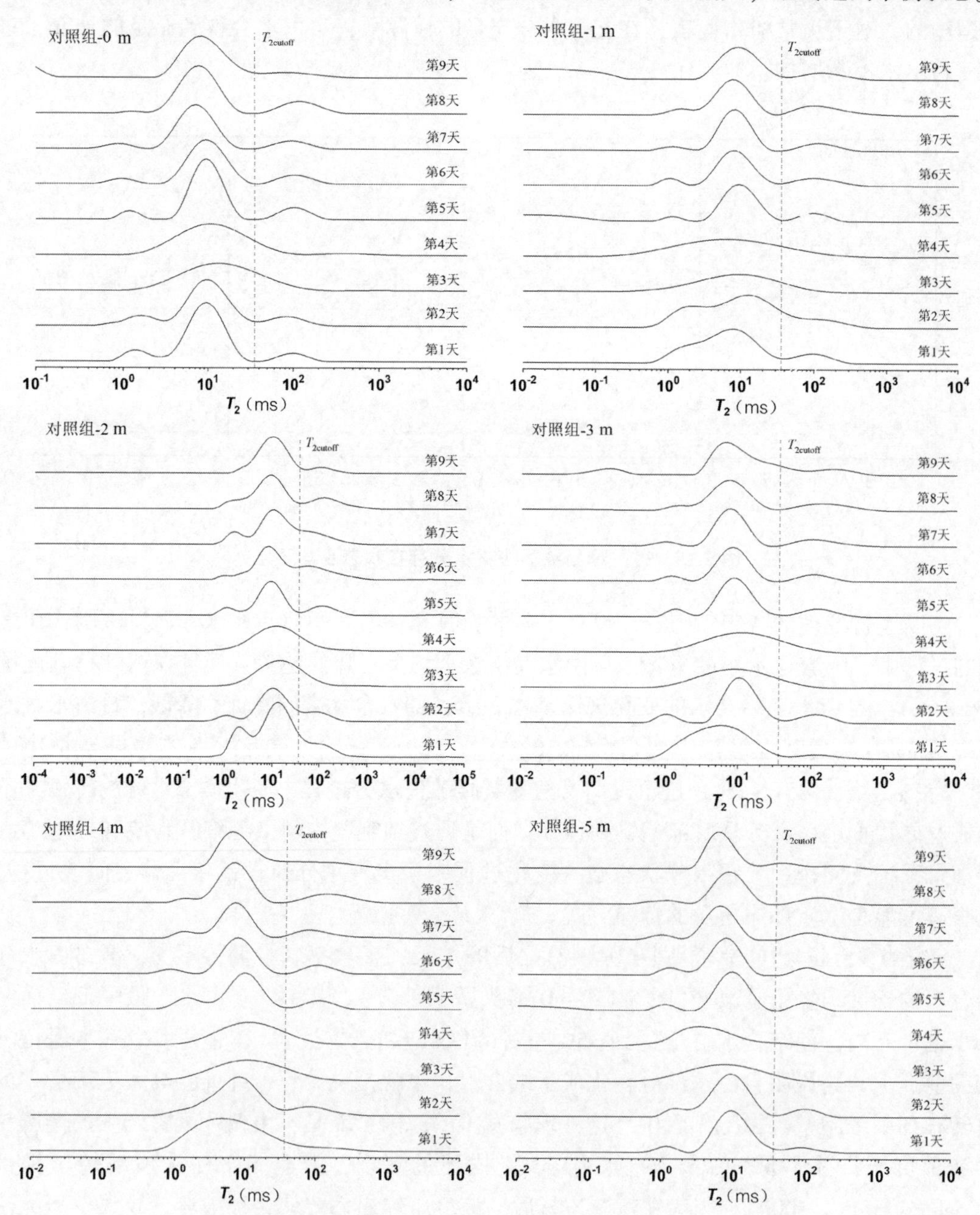

图 5-16　对照组新疆杨不同高度边材水分 T_2 随处理时间的变化

水分切断处理后，不同放置方式新疆杨不同高度边材的 T_2 分布谱如图 5-16～图 5-19 所示。可以看出，各高度边材水分的 T_2 分布情况均比较类似，主要分为 2～3 个峰，自由水 1 个峰，结合水 1～2 个峰，结合水封比较明显，自由水峰都比较弱。

对照组新疆杨，没有作任何处理，处于自然生长状态，在进行试验过程中，树木中的水分主要存在两种状态，即自由水和结合水，而且结合水的量较多(图 5-16)，随着高度的增加，结合水峰有左移的趋势。

处理 A 组的新疆杨，从底部切断水分来源，同时保持树干处于直立状态(图 4-1)，在试验进行过程中，水分处于波动降低过程中(图 4-3)，该过程中的水分也主要是自由水和结合水两种状态，结合水峰同样较明显，且沿高度方向，结合水峰呈逐渐降低的趋势，位置有左移的趋势(图 5-17)。

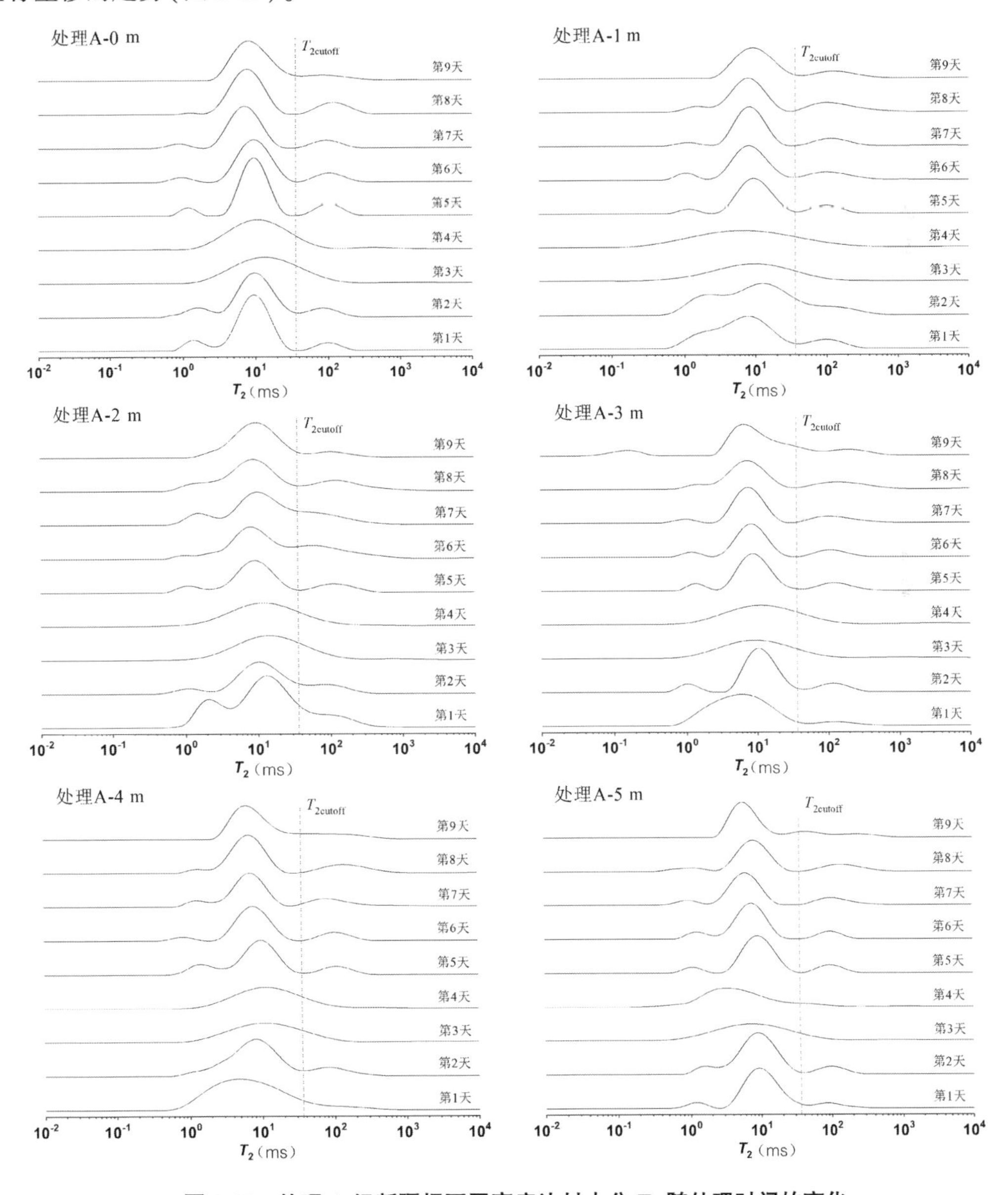

图 5-17　处理 A 组新疆杨不同高度边材水分 T_2 随处理时间的变化

处理C组的新疆杨，与处理A组一样，在树木根部切断水分来源，并使树干处于倾斜45°的位置(图4-1)，随着处理时间的延长，树干含水率呈快速下降的趋势(图4-3)，尤其是前3天，同样，树木中自由水和结合水的峰也都呈下降趋势，之后各峰的变化情况不太明显，结合水峰位置有左移趋势(图5-18)。

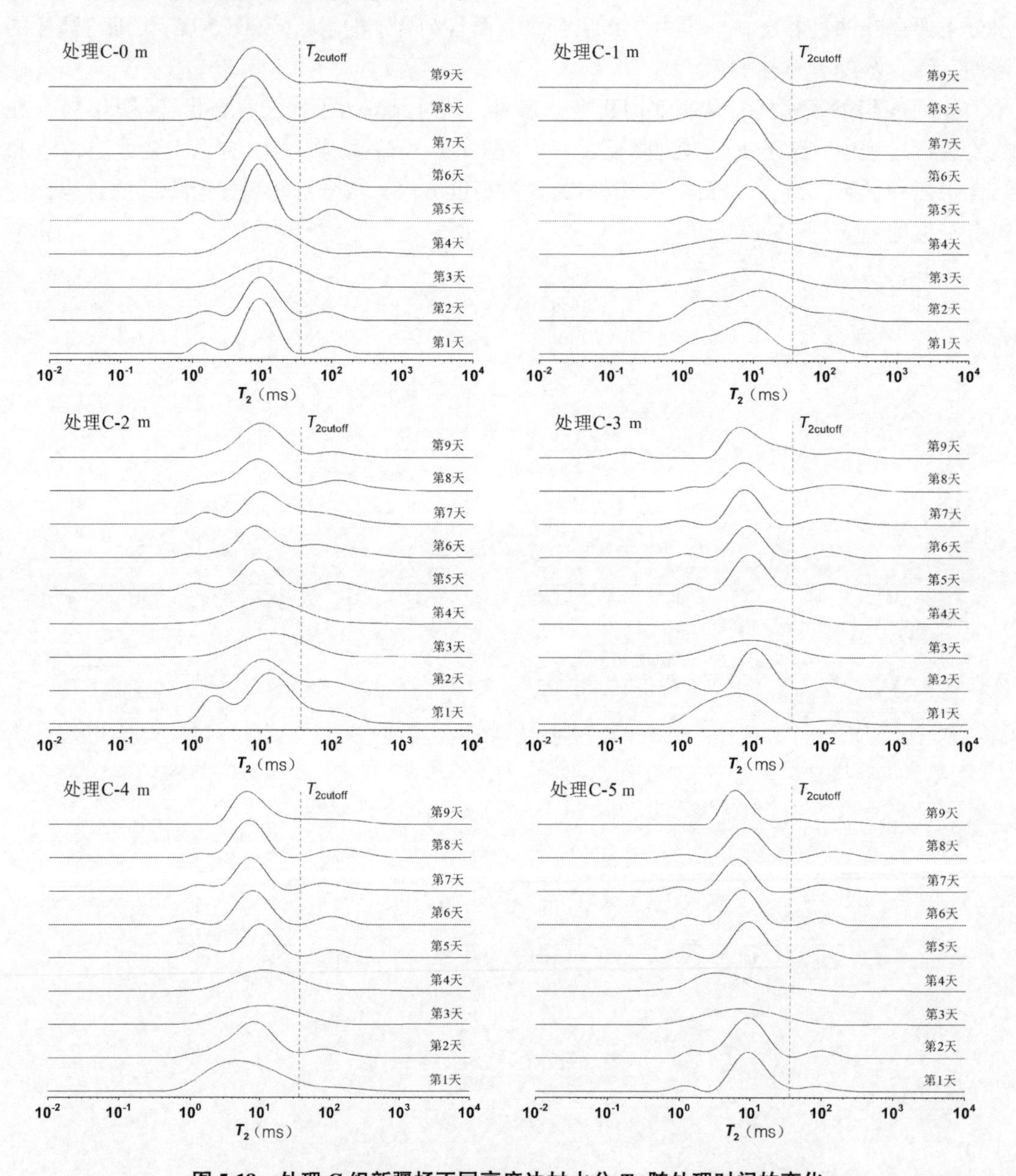

图5-18　处理C组新疆杨不同高度边材水分 T_2 随处理时间的变化

处理D组的新疆杨，同样切断水源并使其树干平躺在地面上，在水分降低过程中，与其他处理一样，水分存在状态主要是结合水和自由水，结合水的峰比较明显，而自由水的峰比较弱，随着高度的增加，结合水峰同样存在左移的趋势(图5-19)。

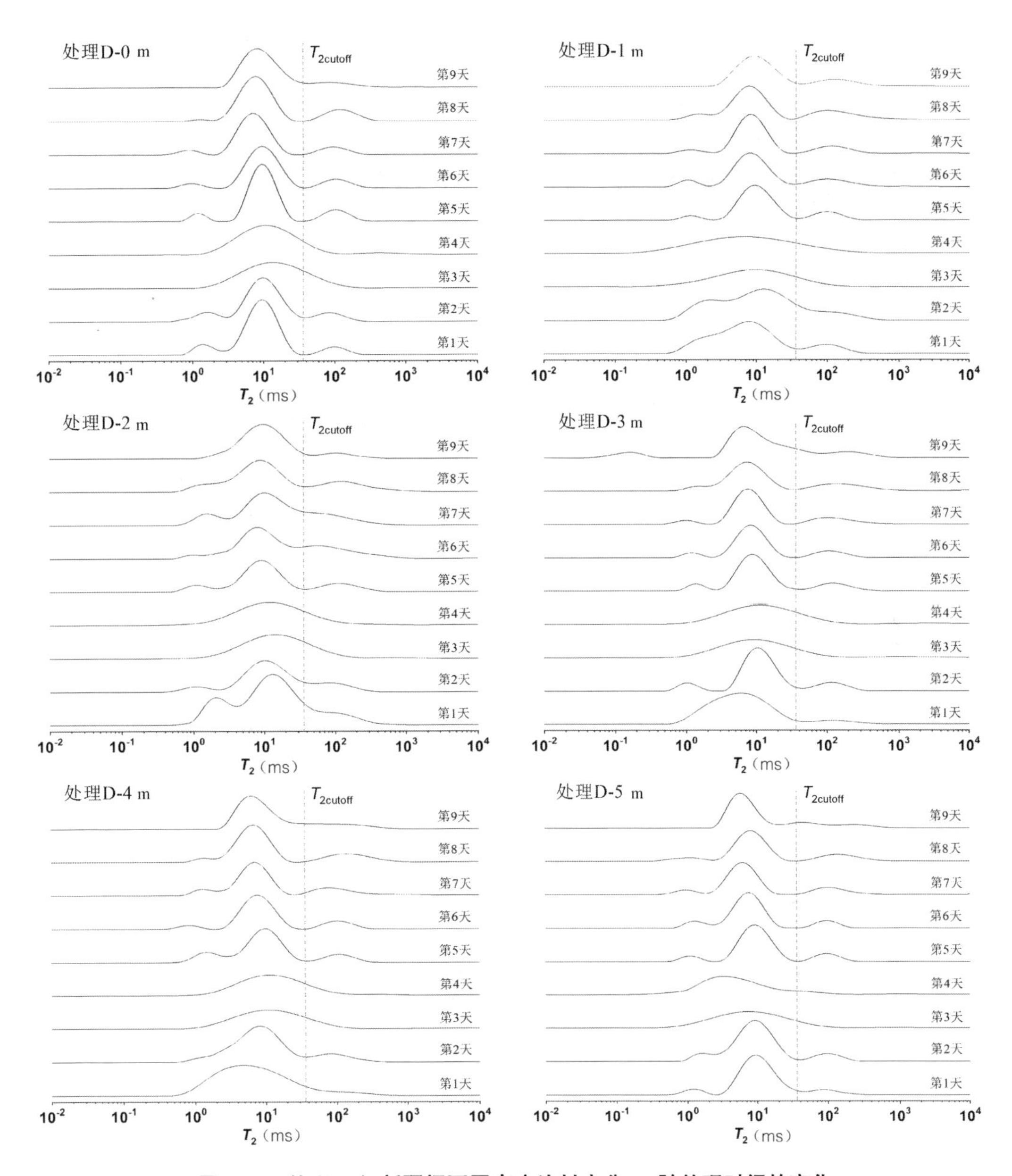

图 5-19　处理 D 组新疆杨不同高度边材水分 T_2 随处理时间的变化

沿树高 5 m 方向上，各处理组新疆杨的自由水和结合水的变化情况，都是先增大后减小，切断水源的各处理组，随着处理时间的延长，各状态水分的含量沿高度方向的差异在逐渐缩小(图 5-20，图 5-21)，这也说明，水分的传输可能是分段的，而不是连续的。正常生长的树木，自由水和结合水含量较高的位置大约在 1～2 m 处，而切断边材的新疆杨，自由水和结合水含量较高的位置在 3 m 左右，这可能是受根压的影响。正常生长的树木，存在 0. 1～0. 2 MPa 的根压(Fisher et al. ，1997)，会与木质部中的负压产生部分抵消，使水分上升的高度有所降低。

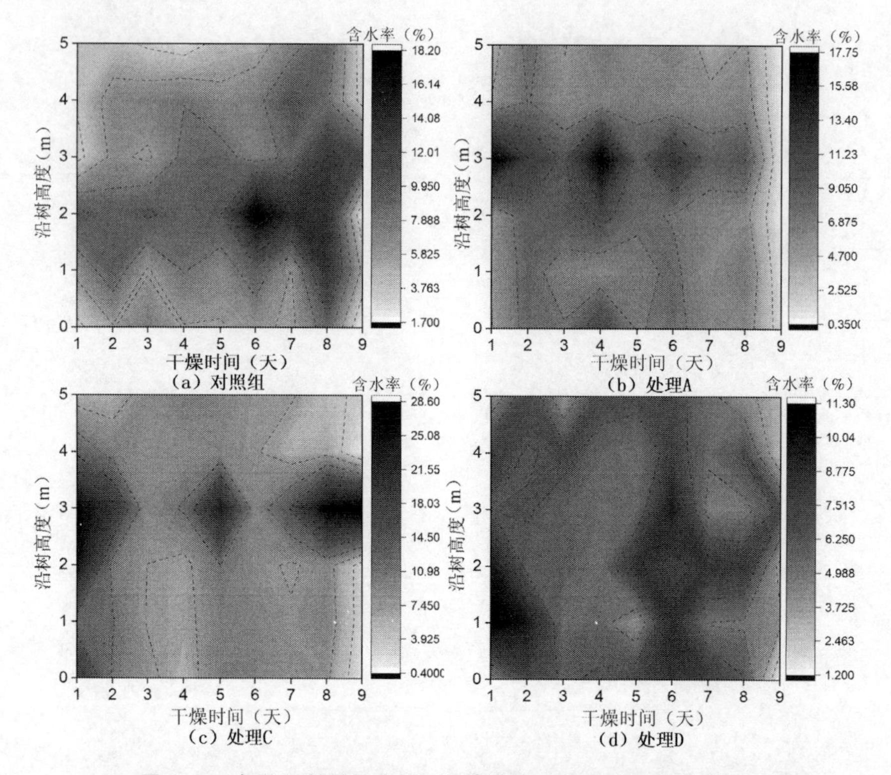

（a）对照组　（b）处理A　（c）处理C　（d）处理D

图 5-20　各处理新疆杨边材不同高度自由水分布及变化情况

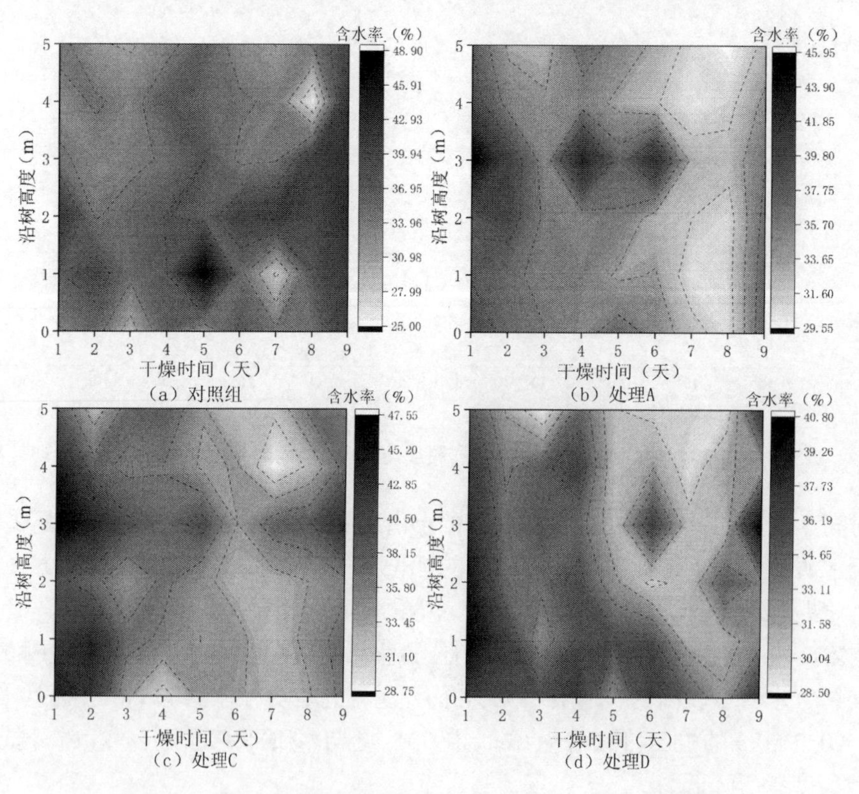

（a）对照组　（b）处理A　（c）处理C　（d）处理D

图 5-21　各处理新疆杨边材不同高度结合水分布及变化情况

5.2.3　杨树活立木生理干燥过程中树木代谢活性的变化

在水分降低过程中，各处理新疆杨的自由水/结合水比值的变化情况如图 5-22 所示。除对照组外，切断边材处理的各组新疆杨自由水/结合水比值整体都呈下降趋势，说明新疆杨切断边材后，由于水分供应不足，而使树木的新陈代谢水平降低。而对照组新疆杨的 Ω 值一直呈上升趋势，说明在该过程中，水分补给不断增加，使可参与新陈代谢活动的自由水的含量不断增加，使其新陈代谢的能力不断增强。

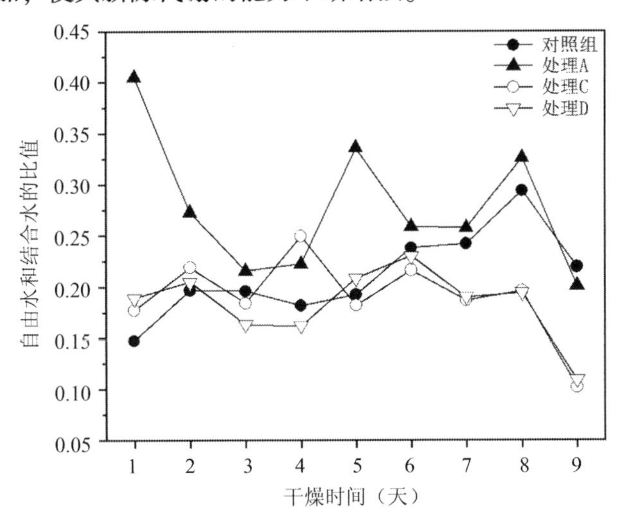

图 5-22　水分降低过程中各新疆杨自由水/结合水比值变化

5.2.4　小　结

本节通过测定不同处理新疆杨不同高度边材的横向弛豫时间，根据上一节确定的自由水/结合水截止值($T_{2cutoff}$)，计算了自由水、结合水的含量以及自由水/结合水的比值，探讨了在基于蒸腾作用降低杨树立木木材水分的过程中，水分存在状态的变化情况以及树木代谢活性的变化情况。主要结论有：

(1) 在水分降低过程中，新疆杨边材中的水分主要存在自由水和结合水两种状态。其中，自由水主要是导管和较大木纤维细胞腔中的水分，结合水则由直接通过氢键与纤维素、半纤维素或者部分木质素上游离羟基相连接的水和微毛细管系统孔腔中的水组成。

(2) 切断边材处理的各组新疆杨，在切断水分至树叶完全枯萎期间，随着含水率的下降，自由水和结合水均呈下降的趋势，自由水降至 5%左右，结合水下降至 30%左右，而在树叶枯萎后，自由水会部分转化成结合水，使结合水上升至 35%左右。沿树高方向上，正常生长的树木，自由水和结合水含量较高的位置大约在 1～2 m 处，而切断边材新疆杨的位置在 3 m 左右。

(3) 在水分降低过程中，对照组新疆杨的 Ω 值一直呈上升趋势，新陈代谢的能力不断增强，而切断边材处理的各组新疆杨的 Ω 值整体都呈下降趋势，新陈代谢水平不断降低。

5.3 本章小结

本章通过低温和室温低场核磁共振方法测定了新疆杨边材的自由水/结合水横向弛豫时间截止值($T_{2cutoff}$)，并根据该截止值，计算了在基于蒸腾作用降低杨树木材水分过程中自由水、结合水的含量以及自由水/结合水的比值，探讨了在基于蒸腾作用降低杨树立木木材水分的过程中，水分存在状态的变化情况以及树木代谢活性的变化情况。主要结论有：

(1) 杨木心边材的自由水/结合水截止值($T_{2cutoff}$)存在较明显的差异，心材的 $T_{2cutoff}$ 要明显大于边材的 $T_{2cutoff}$。其中，心材的 $T_{2cutoff}$ 约为(91.07±15.07) ms，边材的 $T_{2cutoff}$ 约为(36.82±7.12) ms。

(2) 在水分降低过程中，新疆杨边材中的水分主要存在自由水和结合水两种状态。其中，自由水主要是导管和较大木纤维细胞腔中的水分，结合水则由直接通过氢键与纤维素、半纤维素或者部分木质素上游离羟基相连接的水和微毛细管系统孔腔中的水组成。

(3)切断边材处理的各组新疆杨，在切断水分至树叶完全枯萎期间，随着含水率的下降，自由水和结合水均呈下降的趋势，自由水降至5%左右，结合水下降至30%左右，而在树叶枯萎后，自由水会部分转化成结合水，使结合水上升至35%左右。沿树高方向上，正常生长的树木，自由水和结合水含量较高的位置大约在1~2 m处，而切断边材新疆杨的位置在3 m左右。

(4) 在水分降低过程中，对照组新疆杨的 Ω 值一直呈上升趋势，新陈代谢的能力不断增强，而切断边材处理的各组新疆杨的 Ω 值整体都呈下降趋势，新陈代谢水平不断降低。

第6章 活立木生理干燥过程中木材水相关孔隙结构及其变化

木材是一种天然高分子多孔材料，具有多尺度孔隙结构，木材中的水分均位于这些孔隙当中，当水分发生迁移的时候，这些孔隙结构也会发生变化。因此，如果能够在水分迁移过程中，直接表征木材的孔隙结构，就可以帮助人们更好地理解水分的迁移过程。但常规的孔隙结构表征技术，如压汞法、氮气吸附法、电子显微镜法等均须对木材试样进行干燥，而热孔计法和冷孔计法虽不需要对试样进行干燥处理，但需要较小的试样尺寸和很长的试验时间(王哲 等，2014)。因此，本研究试图寻找一种方法，可以快速、便捷地对木材的孔隙结构进行表征，以帮助人们更好地理解水分的迁移过程。

弛豫时间，包括纵向弛豫时间(T_1)和横向弛豫时间(T_2)，可以定性地描述水分子所在的孔隙结构，如果能够实现定量描述，那么无疑这是一种既快速又便捷的孔隙结构表征方法。尤其对木材而言，无须对木材进行处理，可以极大地保留木材真实的孔隙结构。因此，本章通过将木材的横向弛豫时间(T_2)分布谱直接转变成孔隙分布谱，探讨了基于蒸腾作用降低杨树立木木材水分过程中木材的孔隙结构变化情况及水分迁移过程。

6.1 材料与方法

6.1.1 试验材料

本试验所用新疆杨与第3章、第4章一样，同样选用9~10年生的新疆杨为试验树种，具体取样树木为11~14号新疆杨(表4-1)。

6.1.2 仪器与设备

本试验所用的主要仪器和设备有：低场时域核磁共振仪(Micro MR-22MHz)，上海纽迈电子科技有限公司，磁场强度0.5 T，探头直径15 mm，磁体温度为(32±0.02)℃；常规干燥箱；天平，精度为0.001 g；生长锥，内径5 mm，冰柜、保温瓶等。

6.1.3 试验方法

6.1.3.1 试样制备

试样制备方法与第 3 章中含水率试样制备方法一致。

6.1.3.2 横向弛豫时间测试

制备好试样后，先进行横向弛豫时间测试，采用 CPMG 脉冲序列进行测试。CPMG 脉冲序列的参数设置如下：90°脉冲宽度(P_1)为 13 μs，180°脉冲宽度(P_2)为 26 μs，采样频率(SW)为 250 kHz，重复等待时间(TW)为 1000 ms，90°~180°脉冲延时(τ)为 0.1 ms，回波时间为 0.226 ms，重复采样次数(NS)为 4 次，回波个数为 2000 个。数据反演采用自带软件中的 CONTIN 算法进行反演。

6.1.3.3 横向表面弛豫率的确定

多孔系统中水分子的弛豫特性对水分子周围的环境条件十分敏感，多孔体系中质子的横向弛豫时间(T_2)通常由以下几部分组成(Li et al., 2015)：

$$\frac{1}{T_2}=\frac{1}{T_{2B}}+\frac{1}{T_{2S}}+\frac{1}{T_{2D}} \tag{6-1}$$

式中：T_{2B}——体弛豫时间(Bulk relaxation time)，s，主要由孔隙中水的黏度以及溶解的顺磁性物质(如 Mn^{2+}、Fe^{3+}等)的浓度决定(Bryar et al., 2000)；

T_{2S}——表面弛豫时间(Surface relaxation time)，s；

T_{2D}——水分子的扩散弛豫时间(Diffusion relaxation time)，s，主要受磁场的不均性影响(Keating et al., 2013)。

在含水多孔材料中，孔隙中的水通常是受到毛细管力和吸附力的束缚，其邻近孔隙表面的弛豫过程会因为固体和液体表面的相互作用而被显著加快(Li et al., 2015)，也就是说，T_{2B} 远大于 T_{2S}，T_{2S} 占主导地位，同时，如果忽略磁场不均性的影响，即 $T_{2D}=0$，那么式(6-1)可以改写成：

$$\frac{1}{T_2}\approx\frac{1}{T_{2S}}=\rho_2\left(\frac{S}{V}\right)_{\text{pore}} \tag{6-2}$$

式中：ρ_2——横向表面弛豫率，m/s；

S——孔隙的表面积，m^2；

V——孔体积，m^3。

从式(6-2)可以看出，T_2 与孔隙的比表面积(S/V)是成比例关系的。对圆柱形孔隙而言，其比表面积等于 $3/r$；对球形孔隙而言，其比表面积等于 $2/r$，r 是指孔隙半径。因此，针对不同的孔型假设，式(6-2)可分别改写为以下两式：

$$\frac{1}{T_2}\approx\rho_2\left(\frac{S}{V}\right)_{\text{cylinder}}=\rho_2\frac{3}{r} \tag{6-3}$$

$$\frac{1}{T_2}\approx\rho_2\left(\frac{S}{V}\right)_{\text{sphere}}=\rho_2\frac{2}{r} \tag{6-4}$$

因此，在这些假设条件下，T_2 分布谱与孔径的分布之间的关系为线性关系(Hinedi et al., 1997)，只要确定了水分与孔隙之间的横向表面弛豫率(ρ_2)，就可以通过式(6-3)或

(6-4)经 T_2 分布谱直接转变成孔径分布谱。

在地质材料中，通常假设 ρ_2 是一个常数，即假设材料中不同孔隙结构的表面弛豫率都是一样的(Keating et al.，2013)。但是对木材而言，具有毫米级、微米级和纳米级等多尺度孔隙结构，因此，采用统一的表面弛豫率并不太合理。本试验按照周云洁(2015)的方法，分别选取微米尺度和纳米尺度的标样进行测定，其中，微米尺度的横向表面弛豫率 $\rho_{21}=42.41$ nm/ms，纳米尺度的横向表面弛豫率 $\rho_{22}=1.82$ nm/ms。假设木材中的孔隙为圆柱形孔隙，根据式(6-3)和测定的 ρ_2 将横向弛豫时间(T_2)转变成相应的孔径(r)，当 $T_2<T_{2cutoff}$ 时，选用 ρ_{22}，当 $T_2>T_{2cutoff}$ 时，选用 ρ_{21}。

6.1.3.4　孔体积的计算方法

T_2 的信号强度与质子数量成正相关关系，因此，可以通过测定不同质量水的 T_2 信号，确定信号强度和水质量之间的关系(图6-1)，假设该关系适用于各尺度孔隙中，进而得到所测试样各 T_2 时间(各孔径)的孔隙水质量，假设各级孔隙水的密度和纯水的密度相同，均为 1 g/cm^3，根据式(6-5)可以计算出各孔径的孔体积(V)。

$$V=\frac{M}{\rho} \tag{6-5}$$

各孔径的微分孔体积(dV/dr)，即先用累积孔体积(V_c)对孔径(r)作图，然后再对 r 求导。对数微分孔体积[dV/dlog(r)]，即先用累积孔体积(V_c)对孔径的对数[log(r)]作图，然后在对 log(r)求导。

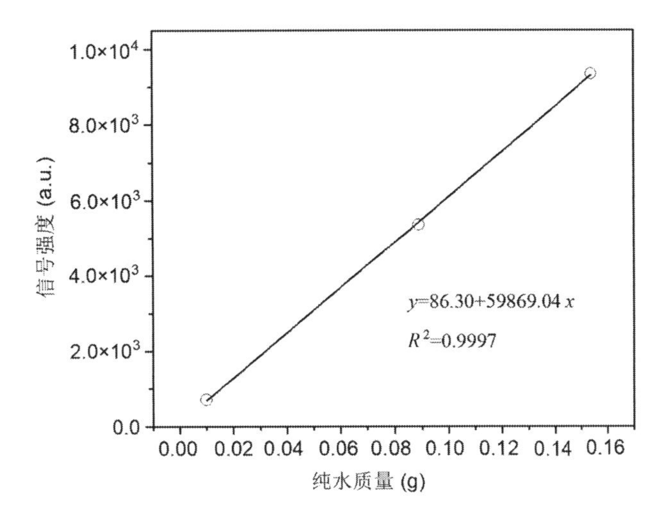

图 6-1　纯水质量与 T_2 信号强度之间的关系

6.2　试验用新疆杨边材的水相关孔隙结构及其分布

图6-2为对照组新疆杨边材在试验处理过程中的孔径分布及变化情况，可以看出，在试验处理过程中，有水分占据的孔隙主要分为纳米级孔隙和微米级孔隙，其中，纳米级孔隙主要分布在 1~200 nm[图6-2(b)]，而微米级孔隙主要分布在 6~100 μm[图6-2(c)]。

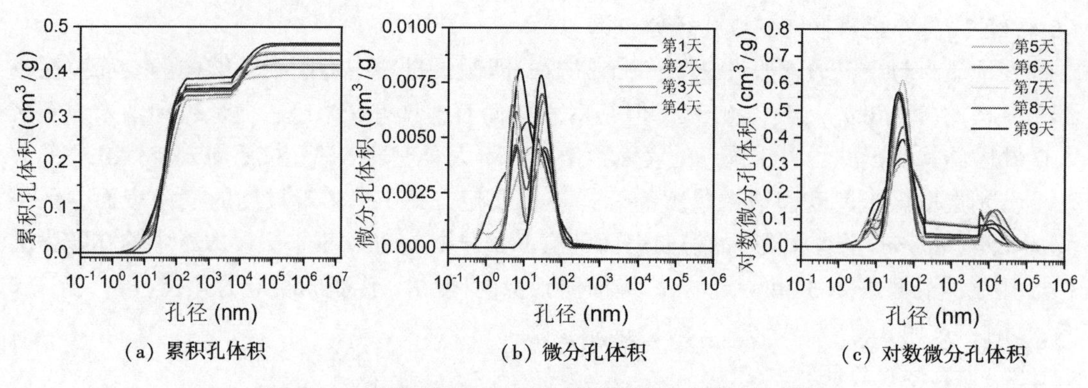

（a）累积孔体积　　（b）微分孔体积　　（c）对数微分孔体积

图 6-2　对照组新疆杨边材孔隙结构随处理时间的变化

水分切断处理后，各处理组新疆杨边材在试验过程中的孔隙分布及变化情况如图 6-3~图 6-5 所示。各组新疆杨边材的孔隙分布情况与对照组新疆杨的相似，都是主要存在另个尺度的孔隙，即纳米尺度和微米尺度。其中，纳米尺度的孔径(半径)主要分布在 1~100 nm，而微米尺度的孔径主要分布在 6~100 μm。

各处理新疆杨边材的累积孔体积随着处理时间的延长均呈下降的趋势(图 6-2~图 6-5)，尤其是前 3 天左右的下降比较明显，而切断水分处理的各组新疆杨边材的累积孔体积下降幅度更大一些。这也说明了在试验进行的前 3 天时间，孔隙中的水分有发生是散失，这与含水率的变化是一致的(图 4-3)。

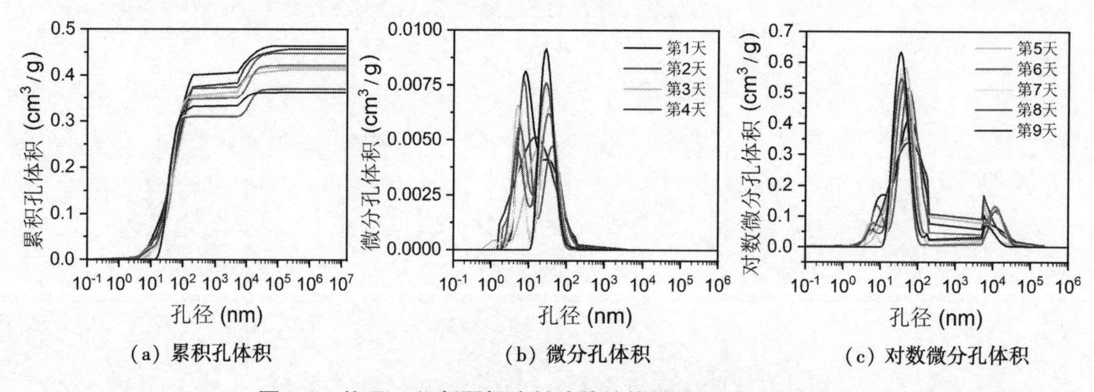

（a）累积孔体积　　（b）微分孔体积　　（c）对数微分孔体积

图 6-3　处理 A 组新疆杨边材孔隙结构随处理时间的变化

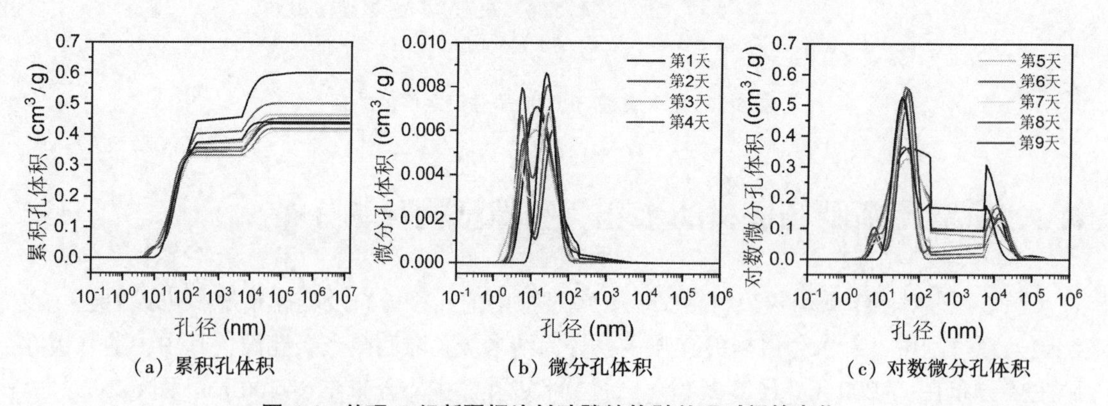

（a）累积孔体积　　（b）微分孔体积　　（c）对数微分孔体积

图 6-4　处理 C 组新疆杨边材孔隙结构随处理时间的变化

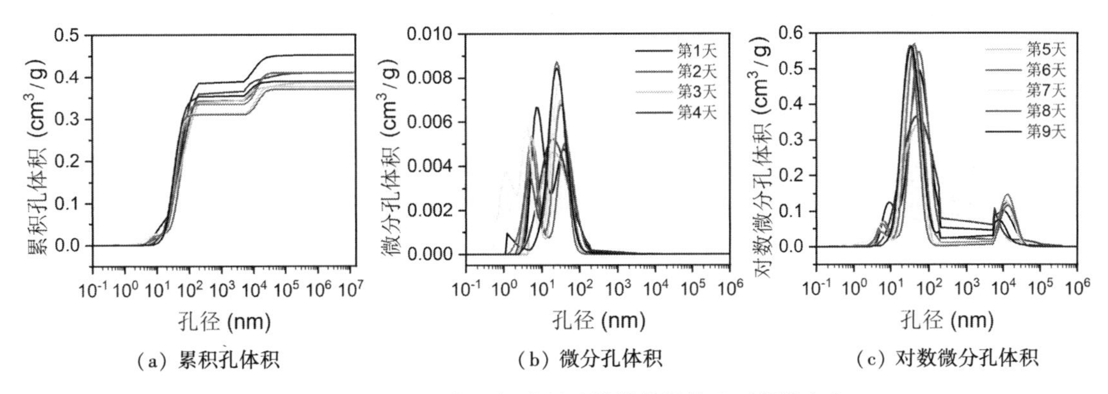

（a）累积孔体积　　（b）微分孔体积　　（c）对数微分孔体积

图 6-5　处理 D 组新疆杨边材孔隙结构随处理时间的变化

木材的孔隙结构呈宏观—介观—微观多尺度分布，不同学者的分类方法也不尽相同(Ploetze et al., 2011；王哲 等, 2014；赵广杰, 2002；中戸莞二, 1973)，在本书中，将新疆杨边材中的孔隙主要分为三类：即微孔(r_1<2 nm)、介孔(2 nm<r_2<50 nm)和大孔(r> 50 nm)，在大孔尺度范围内，木材中不同组织的孔径差别也很大，因此，在这里将大孔尺度的孔隙细分为纳米级大孔(50 nm <r_3<100 nm)、小微米级大孔(100 nm<r_4<1 μm)、中微米级大孔(1 μm<r_5<15 μm)、大微米级大孔(15 μm<r_6<40 μm)和超大微米级大孔(r_7>40 μm)。不同处理新疆杨边材的各级孔隙分布如图 6-6 所示。

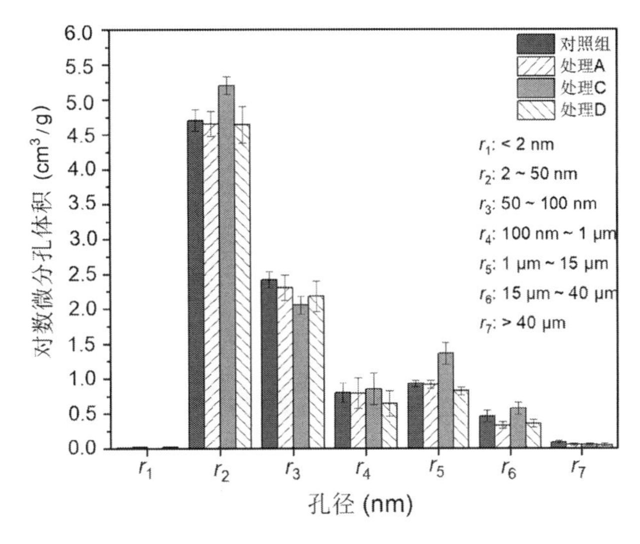

图 6-6　不同放置方式新疆杨边材各级孔径分布情况

由图 6-6 可以看出，本试验所用新疆杨边材孔径分布很宽，从小于 2 nm 的微孔到大于 40 μm 的超大微米级大孔。其中，介孔孔隙(r_2)所占的比例最大，平均约为 51.88%(表 6-1)，其次为纳米级大孔(r_3)，约占 23.99%，此外，中微米级大孔(r_5)和小微米级大孔(r_4)所占的比例也较大，分别为 10.62%和 8.04%。大微米级大孔(r_6)约占 4.59%，微孔孔隙(r_1)和超大微米级大孔(r_7)所占比例都很小，不超过 1%。当然，这里所讨论的木材孔隙分布，并不是木材中完整的孔隙分布，因为本试验方法计算孔隙体积时是通过孔隙中的水的体积转化而来的，因此，必然会受到木材含水率的影响，当试样处于饱和状态时，可以认为基本反映了木材的真实孔隙结构，而当试样未饱和时，仅反映当前含水率状态下的孔隙分布。在本试验中，各处理组的新疆杨边材含水率都为达到饱和状态，而且相对比较低(图 4-3)，因此，这里所讨论的孔径分布，是在各处理组新疆杨当前含水率(9 天平均含水率)状态下的孔隙结构，虽不能反映新疆杨边材的完整孔隙结构，但可以很大程度上反映其孔隙结构，尤其是在含水率变化过程中的孔隙变化情况。

表 6-1　不同处理新疆杨边材各级孔径比例

孔径	占总孔体积的比例/%				
	对照组	处理 A 组	处理 C 组	处理 D 组	平均
r_1	0.09	0.16	0.01	0.19	0.11
r_2	49.81	52.01	52.01	53.68	51.88
r_3	25.65	25.19	20.37	24.75	23.99
r_4	8.63	8.32	8.03	7.19	8.04
r_5	9.87	10.03	13.14	9.43	10.62
r_6	4.81	3.64	5.78	4.14	4.59
r_7	0.94	0.55	0.50	0.52	0.63

在木材中，微纤丝间隙孔径约 2~4.5 nm，阔叶材细胞壁孔径约 2~100 nm，具缘纹孔膜的孔径范围约 10 nm~8 μm，具缘纹孔口孔径 400 nm~6 μm，具缘纹室口孔径约 4~30 μm，木纤维细胞腔腔径 10~15 μm，散孔材导管管径约 40~250 μm(Butterfield，2006；Stamm，1967，1979；王哲 等，2014；中戸莞二，1973)。在新疆杨的微观构造中，导管的弦向直径 37.8~67.5 μm，木纤维的弦向直径 20.13~26.90 μm(高晓霞 等，1998)。据此，可以推断，试验所用新疆杨的微孔孔隙(r_1)可能为微纤丝间隙，介孔孔隙(r_2)主要为细胞壁内的孔隙，纳米级大孔(r_3)可能为细胞壁中部分较大的孔隙以及纹孔膜孔隙，小微米级大孔(r_4)可能为纹孔室口活纹孔口的孔径，而中微米级大孔(r_5)可能为木纤维胞腔孔径，大微米级大孔(r_6)应为导管管径。

6.3　水分切断后不同处理新疆杨边材水相关孔隙结构变化

水分切断处理后，各处理组新疆杨边材的孔隙结构整体变化情况如图 6-7 所示，可以看出，除对照组新疆杨边材的总孔体积整体呈增长趋势外，各切断水分来源的新疆杨边材的总孔体积均呈下降趋势。而且都是处理后的前 3 天下降最为明显，这与含水率的变化情况是一致的(图 4-3)，这也可以说明木质部内孔隙结构的变化与水分的迁移有着密切的联系，因为木材中的水分，无论是自由水还是结合水，是分布在木材中的各级孔隙中的，在发生水分迁移的过程中，势必会引起孔隙结构的变化。因此，可以通过孔隙结构的变化情况，来反映和描述水分可能的迁移过程。

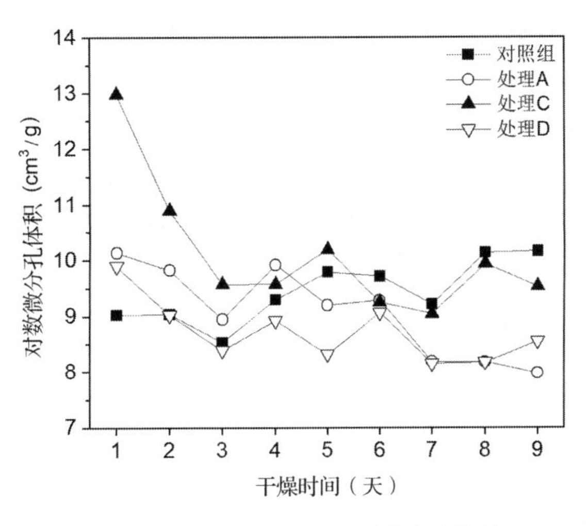

图 6-7　各处理新疆杨边材总孔体积变化情况

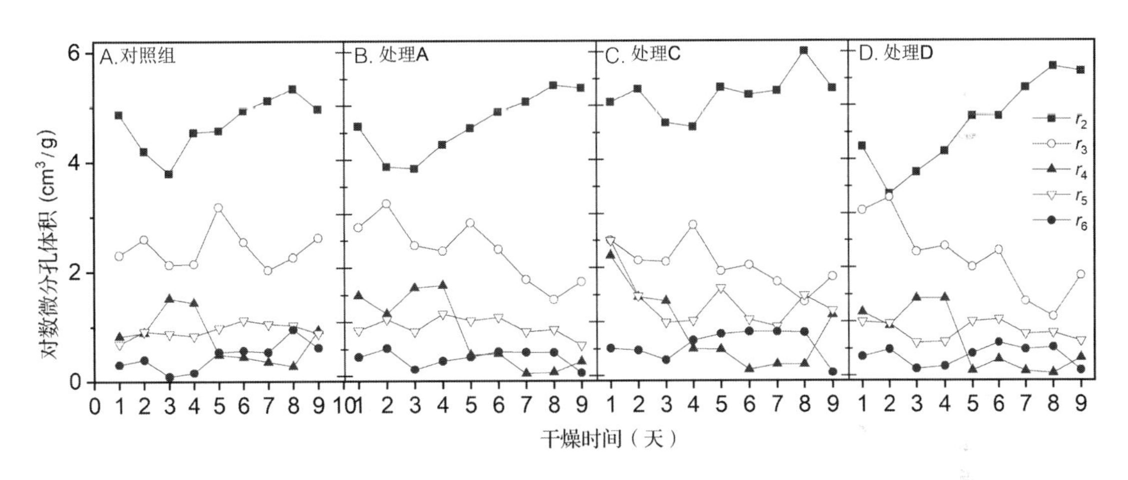

图 6-8　各处理新疆杨边材各级孔隙结构变化情况

在基于蒸腾作用降低新疆杨木材中水分的过程中，不同放置方式新疆杨边材的各级孔隙结构变化情况如图 6-8 所示，因为微孔孔隙(r_1)和超大微米级大孔(r_7)的孔隙所占的比例很小，这里没有做详细分析。

对对照组新疆杨而言，其边材孔隙总体积整体呈增长趋势，但在前 3 天呈下降趋势，而后逐渐增长(图 6-7)。在前 3 天总孔体积降低过程中，介孔孔隙(r_2)、纳米级大孔(r_3)和大微米级大孔(r_6)孔体积均呈下降趋势，而小微米级大孔(r_4)发生了较明显的增长(图 6-8A)。在前 3 天中，新疆杨树叶蒸腾速率呈增长趋势(图 4-2)，含水率呈下降趋势(图 4-4)，结合水呈下降趋势(图 5-15A)，自由水呈略微增长趋势(图 5-15A)。第 3 天之后，含水率呈上升趋势，结合水和自由水均呈上升趋势(图 5-15A)，总孔体积也呈上升趋势(图 6-7)，介孔孔隙(r_2)体积呈明显的上升趋势，纳米级大孔(r_3)的呈波动变化，微米级大孔(r_4)体积先下降后基本保持不变，中微米级大孔(r_5)的略有上升，大微米级大孔(r_6)的孔体积呈上升趋势(图 6-8A)。在整个过程中，中微米级大孔(r_5)的孔体积变化不是很明显，基本保持不变。

综合上述含水率、自由水、结合水和孔隙变化情况，可能说明在蒸腾速率增加的条件下，在叶脉木质部产生的负压逐渐增大，首先使细胞壁孔隙(r_2，r_3)中的水分发生散失，随着水分迁移，负压逐渐向下传递，细胞壁中缺失的水分通过纹孔(r_4)由导管(r_6)或木纤维细胞腔(r_5)中的水分进行补充，而细胞腔中自由水的散失，又会通过纹孔，由细胞壁或相邻细胞腔中的水分进行补给，这样循环往复，实现负压的传递和水分的长距离传输。在水分供给充足的情况下，会使根系吸收足够的水分，以补充木质部内水分的缺失。

而切断水分来源的各组新疆杨，介孔(r_2)孔隙体积的变化趋势(图 6-8B~D)与对照组的相同(图 6-8A)，其余各级孔隙(r_3，r_4，r_5，r_6)结构的孔体积均呈下降趋势(图 6-8B~D)，其中，处理 A 组和处理 D 组新疆杨边材的中微米级大孔(r_5)和大微米级大孔(r_6)的降低趋势不是很明显，同样，其自由水的下降趋势也不是很明显(图 5-15B、D)，而处理 C 组的相应的孔隙体积(图 6-8C)和自由水(图 5-15C)下降较为明显，这可能是因为处理 C 组新疆杨的含水率较高，而处理 A 组和处理 D 组的含水率较低的缘故(图 4-3)。这两类孔隙可能是导管和木纤维细胞腔造成的，说明树木生长过程中，尤其是在干旱胁迫或水分胁迫的情况下，导管和木纤维细胞腔中的水分有可能总是处于未充满的状态，而在这种状态下，由于木质部中负压的存在，必然会发生空穴甚至栓塞而达到热力学平衡状态，因此，也就说明，在树木水分长距离运输过程中，空穴和栓塞现象是一直存在的，但其并不影响水分的正常传输，除非栓塞情况严重到使其整体的水力结构受到破坏。这与 Zimmermann 等(2000)的结论是一致的。

纳米级大孔(r_3)和小微米级大孔(r_4)的孔体积都呈较明显的下降趋势，虽然介孔(r_2)孔隙体积呈增长趋势，但总孔体积也呈下降趋势(图 6-7)，说明纳米级大孔(r_3)和小微米级大孔(r_4)的孔体积的下降量更大一些，而散失的水分除导管、木纤维等超大孔系中的水外，主要是该部分孔隙中的水，即孔径为 100 nm~2 μm 的孔隙，该部分孔隙主要为细胞壁中较大的孔隙和纹孔构件的孔隙，包括纹孔膜、纹孔口、具缘纹室口等。

在 r_3、r_4 级孔隙体积下降过程中，r_4 级孔隙体积，即小微米级大孔的孔体积下降的最为明显，尤其是在第 4~5 天左右的时候(图 6-8)，而在该时间点，也是树叶蒸腾速率也发生巨大转折，由最大值开始下降(图 4-2A)，同时，从第 4 天左右开始，树叶也开始发生明显的变化，逐渐枯萎(图 3-7)，而叶子和叶柄的上述变化主要是由于木质部的严重空穴和栓塞化使水力结构破坏而失去输水能力的缘故(Sparks et al.，1999；Sperry et al.，1993；Sperry et al.，1993；Tyree et al.，1988)，因此，该部分孔隙中水分的散失会严重影响木质部水力结构的完整性，该部分孔隙可能对应的是具缘纹孔口或具缘纹室口部分的孔隙，随着该部分孔隙水的散失，在缺乏导管或木纤维细胞腔体水供给的条件下(处理 A、处理 C 和处理 D)，会使纹孔所在的导管发生栓塞现象，直到水力结构的破坏，失去输水能力，使树木因缺水而死亡，而有自由水供给的条件下(对照组)，会因为水分的吸收使其处于动态平衡状态，保持水力结构的完整而不失效，保证树木在低含水率状态下正常生长。

6.4 本章小结

本章通过将木材水分的横向弛豫时间转化成木材内部的与水相关的孔隙分布情况，探讨了不同放置方式新疆杨边材的水相关孔隙结构及其变化情况，并据此分析了树木基于蒸腾作用降低木材水分过程中木质部水分的传输机理。主要结论有：

（1）本试验所用新疆杨的水相关孔隙结构呈纳米级至微米级多尺度分布，主要包括：微孔($r_1 < 2$ nm)、介孔(2 nm $< r_2 < 50$ nm)、纳米级大孔(50 nm $< r_3 < 100$ nm)、小微米级大孔(100 nm $< r_4 < 1$ μm)、中微米级大孔(1 μm $< r_5 < 15$ μm)、大微米级大孔(15 μm $< r_6 < 40$ μm)和超大微米级大孔($r_7 > 40$ μm)。

（2）在各级孔隙中，介孔孔隙(r_2)所占的比例最大，平均约为 51.88%；其次为纳米级大孔(r_3)，约占 23.99%；中微米级大孔(r_5)和小微米级大孔(r_4)，分别占 10.62%和 8.04%；大微米级大孔(r_6)约占 4.59%；微孔孔隙(r_1)和超大微米级大孔(r_7)所占比例都很小，不超过 1%。

（3）对照组新疆杨边材的水相关孔隙总体积在试验过程中呈增加趋势，切断水分后不同放置方式新疆杨的水相关孔隙总体积均呈下降趋势。

（4）在水分降低过程中，介孔(r_2)孔隙体积的变化趋势与对照组的相同，呈增加趋势，其余各级孔隙(r_3，r_4，r_5，r_6)结构的孔体积均呈下降趋势。其中，纳米级大孔(r_3)和小微米级大孔(r_4)的孔体积都呈较明显的下降趋势。

第 7 章　活立木生理干燥过程中水分传输和散失机理

在本研究中，基于植物蒸腾散失水分这一生理特性，在底部切断水分来源后，研究了活立木传输和散失水分的过程。发现在水分切断后的一定时间内，蒸腾作用仍可以顺利进行，水分仍可以通过木质部进行运输并通过叶孔散失到大气中，这一结果与内聚力—张力学说的假设存在加大差异。那么，该过程中木质部水分的传输和散失机理是怎样的？下面，我们将综合本研究的研究结果对该机理进行初步探讨。

7.1　活立木生理干燥过程中的水分传输现象

木质部中水分的传输对植物水分平衡、调节光合作用(Tyree et al.，1991)、适应环境变化(Mencuccini，2003)以及树高极限(Ryan et al.，2006)都具有很重要的影响。由 Böhm(1893)和 Dixon、Joly(1894)提出的内聚力—张力学说是目前被广泛接受的用于解释植物体中水分的长距离运输机理，但该理论也并不完美，被很多学者质疑和争论，因此，木质部水分的长距离传输机理仍需要进行新的探索。

内聚力—张力学说的几个主要假设(Cochard et al.，2000)如下：

(1)根部到叶子的木质部导管中的水柱是连续的；

(2)叶肉细胞细胞壁上水分—空气界面产生的负压或张力和水分子之间的内聚力使水柱得以固定。

(3)树叶蒸腾使木质部中的水分散失，进而促使根部吸收水分，即蒸腾产生的拉力或张力是沿连续水柱传递到根部的。

在本研究中，将新疆杨底部边材完全切断(处理 A，图 3-2；处理 C 和 D 将木质部完全切断，图 4-1)，即切断从根部的水分供给后，树干的平均含水率依然呈快速下降趋势(图 3-3 和图 4-4)，而且不同高度(地面至树冠 5 m)上的含水率都呈一定规律的下降趋势(图 4-6)，这说明水分切断后经蒸腾散失的水分来自树干整体，并不是某个局部部位。这也就说明，在根部到叶片木质部导管水分不连续的情况下，木质部中的水分依然在进行运输，这与内聚力—张力学说的第(1)条假设是相矛盾的。

再者，从木质部自由水和结合水含量的分析中，试验过程中各组新疆杨，包括未做任何处理，即正常生长的新疆杨，自由水的含量都处理较低的水平，约为 5%～20%(图 5-15)，这样的含水量似乎也很难保持导管内水柱的连续性。

对于第(3)条假设，根据试验方法和结果，似乎也很难成立。第(3)条假设认为负压或者张力的传递是沿连续水柱由叶脉木质部传递到根部的，当我们将边材切断后，破坏了水柱的连续性，如何第(3)条假设成立，即将连续的水柱同大气环境连通，这样就会使木质部达到平衡状态，而非负压状态，这样负压就无法传递，水分也不能传输，但这与试验结果是相反的，因此，木质部中负压的传递似乎并不是沿连续水柱传递的，而是通过其他的机制进行传递，在水柱不连续的情况下依然可以顺利传递。

对于第(2)条假设，其前提是对连续水柱而言的，当水柱连续时，随着高度的增加，其重力势能逐渐增大，使得导管产生的张力无法维持平衡，这时就需要很大的负压来维持平衡，使水柱得以固定而不会在重力作用下下落。而当水柱不连续时，也就是水柱在导管等孔隙上是分段的话，这样就会因为每段水柱的质量很小，使得其的重力势能并不会很大，这样，在导管内表面张力、负压以及组织膨胀压等的综合作用下，是可以维持小段水柱的力学平衡而不使其发生下移现象。

可见，本试验的结果同内聚力—张力学说的几个主要假设都存在一定程度的矛盾，因此，用该学说解释水分切断后木质部内水分的传输机理是比较困难的。

7.2　活立木生理干燥过程中水分的散失机理

新疆杨经水分切断处理后的水分降低过程中，树叶蒸腾作用是水分散失的主要动力，其中，在前 3 天的主要动力为树叶叶孔蒸腾作用，第 4～5 天主要为树叶角质层蒸腾或残余蒸腾作用，之后主要为大气自然干燥。其本质原因仍是叶片叶孔下腔室水蒸气浓度与外界环境中水蒸气浓度差或者叶片与环境的水蒸气压差(VPD)造成的。也就是说，水分的散失是通过扩散完成的，该部分机理与内聚力—张力学说所描述的情形是一致的。

7.3　活立木生理干燥过程中水分的传输机理

在第 5 章的结果与讨论中提到，在水分通过蒸腾作用散失的过程中，随着含水率的下降，自由水和结合水均呈下降的趋势，而且在树叶枯萎之前(第 8 天)，自由水、结合水的变化规律基本一致，随着含水率的降低而降低，自由水含水率降至 5%左右后基本维持不变(图 5-15B～D)，此时，结合水含水率基本也降至最小值(30%左右，图 5-15B～D)。这说明，植物蒸腾散失水分过程中，木质部水分的传输并不是通过导管直接将水分从底部运输到顶部，而是通过细胞壁内的微毛细管系统和导管等大毛细管系统共同作用，在水分状态交替变化过程中，实现水分的长距离运输。

在第 6 章水相关孔隙结构分布的讨论中，在前 3 天总孔体积降低过程中，介孔孔隙(r_2)、纳米级大孔(r_3)和大微米级大孔(r_6)孔体积均呈下降趋势，而对照组小微米级大孔(r_4)发生了较明显的增长，切断水分处理的小微米级大孔(r_4) 呈先下降后增长的趋势(图 6-8A)。

在前3天中，新疆杨树叶蒸腾速率呈增长趋势(图4-3)，含水率呈下降趋势(图4-4)，结合水呈下降趋势(图5-15A)，对照组的自由水呈略微增长趋势，切断水分各组的自由水呈略微下降趋势(图5-15A)。

第3天之后，对照组含水率呈上升趋势，结合水和自由水均呈上升趋势(图5-15A)，总孔体积也呈上升趋势(图6-7)，介孔孔隙(r_2)体积呈明显的上升趋势，纳米级大孔(r_3)的呈波动变化，微米级大孔(r_4)体积先下降后基本保持不变，中微米级大孔(r_5)的略有上升，大微米级大孔(r_6)的孔体积呈上升趋势(图6-8A)。在整个过程中，中微米级大孔(r_5)的孔体积变化不是很明显，基本保持不变。切断水分各组的纳米级大孔(r_3)和小微米级大孔(r_4)的孔体积都呈较明显的下降趋势，其中，r_4级孔隙体积，即小微米级大孔的孔体积下降的最为明显，尤其是在第4~5天左右的时候(图6-8)，而在该时间点，也是树叶蒸腾速率也发生巨大转折，由最大值开始下降(图4-2A)，同时，从第4天左右开始，树叶也开始发生明显的变化，逐渐枯萎(图3-7)。

综合上述含水率、自由水、结合水和孔隙变化情况，本书提出如下木质部水分传输和压力传递机理：

(1) 在蒸腾作用下，随着水分的散失，在叶脉木质部产生的负压，首先使细胞壁孔隙(r_2，r_3，微毛细管系统)中的水分发生散失，随着水分迁移，负压向下传递，细胞壁中缺失的水分通过纹孔(r_4)由导管(r_6)或木纤维细胞腔(r_5)等大毛细管中的水分进行补充。

(2)当自由水供给充足的条件下，细胞壁中缺失的水分会由相邻细胞腔中的水分会通过纹孔进行补给，负压沿水流传递，实现水分的长距离传输。

(3) 当自由水供给不足，但可以顺利供给的条件下，细胞壁失水产生的负压会在细胞腔中形成空穴现象，随着水分供给的增加，空穴得到恢复，负压继续向下传递，进而实现水分的长距离传输，而且，该状态可能是树木木质部水分传输的常态。

(4)当导管或木纤维细胞腔体水严重不足时，会使纹孔所在的导管的空穴化逐渐加重直至发生栓塞现象，随着栓塞现象的严重，会导致水力结构的破坏，失去输水能力，使树木因缺水而死亡。

这一机理可以顺利解释植物蒸腾过程中，常常处于空穴和部分栓塞状态，尤其是蒸腾作用最强的时候，而当蒸腾作用减弱，或者没有的时候，如夜间，空穴和部分栓塞又会得到恢复。

7.4 本章小结

本章在前面各章研究结果的基础上，探讨了与内聚力—张力学说几个重要假设的矛盾之处，并提出了基于蒸腾作用降低杨树立木木材水分过程中水分传输和散失的初步机理：

(1) 叶内水分在叶片与周围环境蒸汽压差的作用下扩散到大气中，在木质部细胞壁上形成负压。

(2) 叶脉木质部产生的负压，首先使细胞壁孔隙(r_2，r_3，微毛细管系统)中的水分发生散失，随着水分迁移，负压向下传递，细胞壁中缺失的水分通过纹孔(r_4)由导管(r_6)或木纤维细胞腔(r_5)等大毛细管中的水分进行补充。

(3) 当自由水供给充足的条件下，细胞壁中缺失的水分会由相邻细胞腔中的水分会通过纹孔进行补给，负压沿水流传递，实现水分的长距离传输。

(4) 当自由水供给不足，但可以顺利供给的条件下，细胞壁失水产生的负压会在细胞腔中形成空穴现象，随着水分供给的增加，空穴得到恢复，负压继续向下传递，进而实现水分的长距离传输，而且，该状态可能是树木木质部水分传输的常态。

(5) 当导管或木纤维细胞腔体水严重不足时，会使纹孔所在的导管的空穴化逐渐加重直至发生栓塞现象，随着栓塞现象的严重，会导致水力结构的破坏，失去输水能力，使树木因缺水而死亡。

参考文献

邓克俊, 2010. 核磁共振测井理论及应用[M]. 青岛: 中国石油大学出版社.

高晓霞, 郭爱龙, 赵红丽, 1998. 内蒙古河套地区新疆杨的木材构造和材性研究[J]. 内蒙古林学院学报(1): 19-22, 24.

高鑫, 庄寿增, 2015. 利用核磁共振测定木材吸着水饱和含量[J]. 波谱学杂志, 32(4): 670-677.

李超, 2012. 木材中水分弛豫特性的核磁共振研究[D]. 呼和浩特: 内蒙古农业大学.

李海涛, 陈灵芝, 1998. 应用热脉冲技术对棘皮桦和五角枫树干液流的研究[J]. 北京林业大学学报(1): 3-5.

李合生, 2012a. 植物的逆境生理[M]//李合生, 现代植物生理学. 北京: 高等教育出版社: 370-375.

李合生, 2012b. 植物的水分生理[M]//李合生, 现代植物生理学. 北京: 高等教育出版社: 29-61.

李琳, 代洋洋, 王永贵, 等, 2014. 山地杨边材和心材差异性分析[J]. 造纸科学与技术, 33(1): 19-25.

刘发民, 1996. 利用校准的热脉冲方法测定松树树干液流[J]. 甘肃农业大学学报(2): 75-78, 131.

马大燕, 王喜明, 张明辉, 2011. 核磁共振研究木材吸着过程中水分吸附机理[J]. 波谱学杂志, 28(1): 135-141.

尚念科, 2011. 树木体内水分长距离运输的负压传递机制[J]. 山东林业科技, 41(3): 90-92.

尚念科, 2013. 木质部内负压传递方式的研究[J]. 山东林业科技, 43(1): 58-59, 21.

申卫军, 张硕新, 金燕, 1999. 几种木本植物木质部栓塞的季节变化[J]. 西北林学院学报(1): 3-5.

孙丙虎, 2012. 不同干燥方法的木材水分迁移与横向弛豫特性研[D]. 呼和浩特: 内蒙古农业大学.

王哲, 王喜明, 2014. 木材多尺度孔隙结构及表征方法研究进展[J]. 林业科学, 50(10): 123-133.

张壁光, 2001. 我国木材干燥技术的创新途径与发展前景[J]. 中国林业(9): 15-17.

张小由, 龚家栋, 2004. 利用热脉冲技术对梭梭液流的研究[J]. 西北植物学报(12): 2250-2254.

赵广杰, 2002. 木材中的纳米尺度、纳米木材及木材—无机纳米复合材料[J]. 北京林业大学学报(Z1): 208-211.

中戸莞二, 1973. 木材の空隙構造(〈小特集〉木質材料小特集) [J]. 材料, 22(241): 903-907.

周方赟, 陈博文, 苗平, 2015. 核磁共振技术在分析木材微波干燥过程中水分移动的应用[J]. 安徽农业大学学报, 42(1): 45-49.

周洪华, 李卫红, 木巴热克·阿尤普, 等, 2012. 荒漠河岸林植物木质部导水与栓塞特征及其对干旱胁迫的响应[J]. 植物生态学报, 36(1): 19-29.

周云洁, 2015. 基于时域核磁共振技术的木材孔径分布研究[D]. 呼和浩特: 内蒙古农业大学.

周志新, 2014. 人工林杨树活立木生理干燥特性与工艺研究[D]. 呼和浩特: 内蒙古农业大学.

周志新, 王喜明, 2016. 基于叶蒸腾作用的立木生理干燥效果[J]. 科技导报, 34(19): 54-58.

Abreu M C, Martins F B, Freitas C H D, et al., 2015. Thresholds for transpiration, development and growth of *Corymbia citriodora* (Hook.) K. D. Hill & L. A. S. Johnson in response to soil water stress[J]. Rev Árvore, 39(5): 841-852.

Appleby R F, Davies W J, 1983. A possible evaporation site in the guard cell wall and the influence of leaf structure on the humidity response by stomata of woody plants[J]. Oecologia, 56(1): 30-40.

Araujo C, MacKay A, Whittall K, et al., 1993. A diffusion model for spin-spin relaxation of compartmentalized water in wood[J]. Journal of Magnetic Resonance, Series B, 101(3): 248-261.

Araujo C D, MacKay A L, Hailey J R T, et al., 1992. Proton magnetic resonance techniques for characterization of water in wood: application to white spruce[J]. Wood Science & Technology, 26(2): 101–113.

Balling A, Zimmermann U, 1990. Comparative measurements of the xylem pressure of Nicotiana plants by means of the pressure bomb and pressure probe[J]. Planta, 182(3): 325–338.

Ben-Yehoshua S, Rodov V, 2003. Transpiration and water stress[J]. Postharvest physiology & pathology of vegetables: 111–159.

Bergman R, 2010. Drying and control of moisture content and dimensional changes[R]// Forest Products Laboratory, Wood handbook-Wood as an engineering material. General technical report FPL-GTR-190. Madison, WI: U. S. Department of Agricultural, Forest Service, Forest Products Laboratory: 1–20.

Berman P, Leshem A, Etziony O, et al., 2013. Novel ^{1}H low field nuclear magnetic resonance applications for the field ofbiodiesel[J]. Biotechnology for Biofuels, 6(1): 55.

Berman P, Nizri S, Parmet Y, et al., 2010. Large-scale screening of intact castor seeds by viscosity using time-domain NMR andchemometrics[J]. Journal of the American Oil Chemists Society, 87(11): 1247–1254.

Boyer J S, 1985. Water transport [J]. Annual Review of Plant Physiology & Plant Molecular Biology, 36(1): 473–516.

Brodersen C R, McElrone A J, Choat B, et al., 2010. The dynamics of embolism repair in xylem: In vivo visualizations usinghigh-resolution computed tomography[J]. Plant Physiology, 154(3): 1088–1095.

Bryar T R, Daughney C J, Knight R J, 2000. Paramagnetic effects of iron(III) species on nuclear magnetic relaxation of fluid protons in porous media[J]. Journal of magnetic resonance, 142(1): 74–85.

Bucci S J, Scholz F G, Campanello P I, et al., 2012. Hydraulic differences along the water transport system of South American Nothofagus species: Do leaves protect the stem functionality? [J]. Tree Physiology, 32(7): 880–893.

Butterfield B, 2006. The structure of wood: form and function[M]// Walker J C F, Primary Wood Processing: Principles and practice. 2nd ed. Dordrecht, Netherlands: Springer: 1–22.

Cabeca L F, Marconcini L V, Mambrini G P, et al., 2011. Monitoring the transesterification reaction used in biodiesel production, with a low cost unilateral nuclear magnetic resonance sensor[J]. Energy & Fuels, 25(6): 2696–2701.

Canny M, 1988. Water pathways in wheat leaves. IV. The interpretation of images of a fluorescent apoplastic tracer[J]. Functional Plant Biology, 15(4): 541–555.

Canny M J, 1986. Water pathways in wheat leaves. III. The passage of the mestome sheath and the function of the suberised lamellae[J]. Physiologia Plantarum, 66(4): 637–647.

Canny M J, 1990. Tansley review No. 22. What becomes of the transpiration stream? [J]. New Phytologist, 114(3): 341–368.

Canny M J, 1997. Vessel contents during transpiration-Embolisms and refilling[J]. American Journal of Botany, 84(9): 1223–1230.

Canny M J, 1998. Transporting water in plants[J]. American Scientist, 86(2): 152–159.

Caupin F, Herbert E, 2006. Cavitation in water: a review[J]. Comptes Rendus Physique, 7(9–10): 1000–1017.

Clarke J M, Richards R A, 1988. Effects of glaucousness, epicuticular wax, leaf age, plant height, and growth environments on water loss rates of excised wheat leaves[J]. Canadian Journal of Plant Science, 68(4): 975–982.

Cochard H, Badel E, Herbette S, et al., 2013. Methods for measuring plant vulnerability to cavitation: a critical review[J]. Journal of Experimental Botany, 64(15): 4779–4791.

Cochard H, Bodet C, Ameglio T, et al. , 2000. Cryo-scanning electron microscopy observations of vessel content during transpiration in walnut petioles. Facts or artifacts? [J]. Plant Physiology, 124(3): 1191-1202.

Collatz G J, Ball J T, Grivet C, et al. , 1991. Physiological and environmental-Regulation of stomatal conductance, photosynthesis and transpiration-A model that includes a laminar boundary-layer[J]. Agricultural & Forest Meteorology, 54(2-4): 107-136.

Collatz G J, Ball J T, Grivet C, et al. , 1991. Physiological and environmental regulation of stomatal conductance, photosynthesis and transpiration: a model that includes a laminar boundary layer[J]. Agricultural & Forest Meteorology, 54(2): 107-136.

Cowan I R, 1977. Stomatal behavior and environment[J]. Advances in Botanical Research, 190: 117-228.

Cutshall J B, Greene W D, Baker S A, 2013. Transpirational drying effects on energy and ash content from wholetree southern pine plantation chippingoperations[J]. Southern Journal of Applied Forestry, 37(3): 133-139.

Dainty J, 1976. Water relations of plant cells[M]// Lüttge U, Pitman M G, Transport in Plants II: Encyclopedia of plant physiology, vol 2. Berlin, Heidelberg: Springer: 12-35.

Dang H, Li W, Zhang Y, et al. , 2012. Impacts of water stored in sapwood Populus boleana on its sap flux[J]. Acta Ecologia Sinica, 32(24): 7801-7807.

Ding B, Turgeon R, Parthasarathy M V, 1992. Substructure of freeze-substituted plasmodesmata[J]. Protoplasma, 169(1-2): 28-41.

Dixon H H, Joly J, 1895. On the Ascent of Sap[J]. Proceedings of the Royal Society of London, 57(340-346): 3-5.

Drake B, Raschke K, Salisbury F, 1970. Temperature and transpiration resistances of Xanthium leaves as affected by air temperature, humidity, and wind speed[J]. Plant Physiology, 46(2): 324-330.

EnglishA E, Whittall K P, Joy M L G, et al. , 1991. Quantitative two-dimensional time correlation relaxometry [J]. Magnetic Resonance in Medicine Official Journal of the Society of Magnetic Resonance in Medicine, 22 (2): 425-434.

Fichot R, Barigah T S, Chamaillard S, et al. , 2010. Common trade-offs between xylem resistance to cavitation and other physiological traits do not hold among unrelated *Populus deltoides* × *Populus nigra hybrids* [J]. Plant Cell Environ, 33(9): 1553-1568.

Fisher D B, 1999. The estimated pore diameter for plasmodesmal channels in the Abutilon nectary trichome should be about 4 nm, rather than 3 nm [J]. Planta, 208(2): 299-300.

Fisher J B, Angeles G, Ewers F W, et al. , 1997. Survey of root pressure in tropical vines and woody species [J]. International Journal of Plant Sciences, 158(1): 44-50.

Frangne N, Maeshima M, Schaffner A R, et al. , 2001. Expression and distribution of a vacuolar aquaporin in young and mature leaf tissues of Brassicanapus in relation to water fluxes [J]. Planta, 212(2): 270-278.

Fricke W, 2000. Water movement between epidermal cells of barley leaves-a symplastic connection? [J]. Plant, Cell & Environment, 23(9): 991-997.

Gangi L, Tappe W, Vereecken H, et al. , 2015. Effect of short-term variations of environmental conditions on atmospheric (COO)-O-18 isoforcing of different plant species [J]. Agricultural & Forest Meteorology, 201: 128-140.

Gao X, Zhuang S, Jin J, et al. , 2015. Bound water content and pore size distribution in swollen cell walls determined by NMR technology [J]. BioResources, 10(4): 8208-8224.

Garrett L D, 1985. Delayed processing of felled trees to reduce wood moisture content [J]. Forest Products

Journal, 35(3): 55-59.

Glass S V, Zelinka S L, 2010. Moisture relations and physical properties of wood[R]// Forest Products Laboratory, Wood handbook-Wood as an engineering material. General technical report FPL-GTR-190. Madison, WI: U. S. Department of Agricultural, Forest Service, Forest Products Laboratory: 1-19.

Goldstein G, Andrade J L, Meinzer F C, et al., 1998. Stem water storage and diurnal patterns of water use in tropical forest canopy trees [J]. Plant, Cell & Environment, 21(4): 397-406.

Gonzalez A, Ayerbe L, 2010. Effect of terminal water stress on leaf epicuticular wax load, residual transpiration and grain yield in barley [J]. Euphytica, 172(3): 341-349.

Greene W D, Cutshall J B, Dukes C C, et al., 2014. Improving woody biomass feedstock logistics by reducing ash and moisture content [J]. Bioenergy Research, 7(3): 816-823.

Hacke U G, Jacobsen A L, Pratt R B, 2009. Xylem function of arid-land shrubs from California, USA: an ecological and evolutionary analysis [J]. Plant Cell Environ, 32(10): 1324-1333.

Hacke U G, Sperry J S, 2003. Limits to xylem refilling under negative pressure in Laurus nobilis and Acer negundo [J]. Plant Cell & Environment, 26(2): 303-311.

Hacke U G, Sperry J S, Wheeler J K, et al., 2006. Scaling of angiosperm xylem structure with safety and efficiency [J]. Tree Physiology, 26(6): 689-701.

Haggkvist M, Tie-Qiang L I, Odberg L, 1998. Effects of drying and pressing on the pore structure in the cellulose fibre wall studied by ^{1}H and ^{2}H NMR relaxation [J]. Cellulose, 5(1): 33-49.

Hargrave K R, Kolb K J, Ewers F W, et al., 1994. Conduit diameter and drought-induced embolism in *Salvia mellifera* Greene (Labiatae) [J]. New Phytologist, 126(4): 695-705.

Hill C A S, 2006. Modifying the properties of wood[M]// Stevens C V, Hill C A S, Wood modification-Chemical, thermal and other processes. John Wiley & Sons: 19-44.

Hinedi Z R, Chang A C, Anderson M A, et al., 1997. Quantification of microporosity by nuclear magnetic resonance relaxation of water imbibed in porous media [J]. Water ResourcesResearch, 33(12): 2697 - 2704.

Holbrook N M, Zwieniecki M A, 1999. Embolism repair and xylem tension: Do we need a miracle? [J]. Plant Physiology, 120(1): 7-10.

Hopkins W G, Hüner N P, 2008. Introduction to plant physiology [M]. 3rd ed, Wiley New York.

House C R, 1974. Water transport in cells and tissues [M]. Edward Arnold, London.

Hsi E, Hossfeld R, Bryant R G, 1977. Nuclear magnetic resonance relaxation study of water absorbed on milled northern white-cedar [J]. Journal of Colloid & Interface Science, 62(3): 389-395.

Hüner N P, Hopkins W G, 2008. Introduction to plant physiology [M]. 4th Ed. New York: Wiley, New York.

Inamullah, Isoda A, 2005. Adaptive responses of soybean and cotton to water stress-I. Transpiration changes in relation to stomatal area and stomatal conductance [J]. Plant Production Science, 8(1): 16-26.

J B, 1893. Capillarität und saftsteigen [J]. Ber Dtsch Bot Ges(11): 203-212.

Jackson C L, McKenna G B, 1990. The melting behavior of organic materials confined in porous solids [J]. Journal of Chemical Physics, 93(12): 9002-9011.

JankowskyI P, Luiz M G, 2006. Review of wood drying research in Brazil: 1984-2004 [J]. Drying Technology, 24(4): 447-455.

Kaminski K P, Korup K, Kristensen K, et al., 2015. Contrasting water-use efficiency(WUE) responses of a potato mapping population and capability of modified Ball-Berry model to predict stomatal conductance and WUE measured at different environmental conditions [J]. Journal of Agronomy & Crop Science, 201(2): 81-94.

Keating K, Falzone S, 2013. Relating nuclear magnetic resonance relaxation time distributions to void-size distributions for unconsolidated sand packs [J]. Geophysics, 78(6): D461-D472.

Kim H K, Park J, Hwang I, 2014. Investigating water transport through the xylem network in vascular plants [J]. Journal of Experimental Botany, 65(7): 1895-1904.

Klepac J, Mitchell D, 2014. The effect of pile size on moisture content of loblolly pine while field drying [C]. 37th Council on Forest Engineering Annual Meeting, Moline, IL, USA: 1-9.

Klepac J, Rummer B, Seixas F. 2008. Seasonal effects on moisture loss of loblolly pine[C]. Council on Forest Engineering ConferenceProceedings, Charleston, SC, USA: 1-9.

Konrad W, Roth-Nebelsick A, 2003. The dynamics of gas bubbles in conduits of vascular plants and implications for embolism repair [J]. Journal of Theoretical Biology, 224(1): 43-61.

Lange O L, Losch R, Schulze E D, et al., 1971. Responses of stomata to changes in humidity [J]. Planta, 100 (1): 76-86.

Laurila J, Havimo M, Lauhanen R, 2014. Compression drying of energy wood [J]. Fuel Processing Technology, 124: 286-289.

Lawrence W E. 1980. Field-drying logging residues for use as an industrial fuel [D]. Blacksburg: Virginia Polytechnic Institute and State University.

Lemoine D, Cochard H, Granier A, 2002. Within crown variation in hydraulic architecture in Beech (*Fagus sylvatica* L): evidence for a stomatal control of xylem embolism [J]. Annals of Forest Science, 59(1): 19-27.

Li T Q, Henriksson U, Klason T, et al., 1992. Water diffusion in wood pulp cellulose fibers studied by means of the pulsed gradient spin-echo method [J]. Journal of Colloid & Interface Science, 154(92): 305-315.

Li T Q, Henriksson U, Oedberg L, 1993. Determination of pore sizes in wood cellulose fibers by ^{2}H and ^{1}H NMR [J]. Nordic Pulp & Paper Research Journal, 8(3): 326-330.

Li T Q, Häggkvist M, Ödberg L, 1997. Porous structure of cellulose fibers studied by q-space NMR imaging [J]. Langmuir, 13(13): 3570-3574.

Li X, Li Y, Chen C, et al., 2015. Pore size analysis from low field NMR spin-spin relaxation measurements of porous microspheres [J]. Journal of Porous Materials, 22(1): 11-20.

Liu Z, Haygreen J G, 1985. Drying rates of wood chips during compression drying [J]. Wood & Fiber Science, 17 (2): 214-227.

Lo Gullo M A, Salleo S, Piaceri E C, et al., 1995. Relations between vulnerability to xylem embolism and xylem conduit dimensions in young trees of *Quercus corris* [J]. Plant, Cell & Environment, 18(6): 661-669.

Massman W J, Kaufmann M R, 1991. Stomatal response to certain environmental factors: a comparison of models for subalpine trees in the Rocky Mountains [J]. Agricultural & Forest Meteorology, 54(2-4): 155-167.

Maunu S L, 2002. NMR studies of wood and wood products [J]. Progress in Nuclear Magnetic Resonance Spectroscopy, 40(2): 151-174.

McMinn J W, 1986. Transpirational drying of red oaks, sweetgum, and yellow-poplar in the Upper Piedmont of Georgia [J]. Forest products journal, 36(3): 25-27.

Meidner H, 1976. Water vapour loss from a physical model of a substomatal cavity [J]. Journal of Experimental Botany, 27(4): 691-694.

Meinzer F C, Clearwater M J, Goldstein G, 2001. Water transport in trees: current perspectives, new insights and some controversies [J]. Environmental & Experimental Botany, 45(3): 239-262.

Mencuccini M, 2003. The ecological significance of long-distance water transport: short-term regulation, long-term acclimation and the hydraulic costs of stature across plant life forms [J]. Plant, Cell & Environment, 26(1): 163-182.

Menon R, MacKay A, Hailey J, et al., 1987. An NMR determination of the physiological water distribution in wood during drying [J]. Journal of applied polymer science, 33(4): 1141-1155.

Menon R S, MackayA L, Hailey J R T, et al., 1987. An NMR determination of the physiological water distribution in wood during drying [J]. Journal of Applied Polymer Science, 33(4): 1141 - 1155.

Mohnke O, Hughes B, 2014. Jointly deriving NMR surface relaxivity and pore size distributions by NMR relaxation experiments on partially desaturated rocks [J]. Water Resources Research, 50(6): 5309-5321.

Monteith J L, 2006. A reinterpretation of stomatal responses to humidity [J]. Plant Cell & Environment, 18(4): 357-364.

Nakamura K, Hatakeyama T, Hatakeyama H, 1981. Studies on bound water of cellulose by differential scanning calorimetry [J]. Textile Research Journal, 51(9): 607-613.

Nardini A, Lo Gullo M A, Salleo S, 2011. Refilling embolized xylem conduits: Is it a matter of phloem unloading? [J]. Plant Science, 180(4): 604-611.

Norris R F, Bukovac M J, 1968. Structure of the Pear Leaf Cuticle with Special Reference to Cuticular Penetration [J]. American Journal of Botany, 55(8): 975-983.

Odajima A, Sohma J, Watanabe S, 1959. Nuclear magnetic resonance of water sorbed on fibrous materials [J]. The Journal of Chemical Physics, 31(1): 276-277.

Oltean L, Teischinger A, Hansmann C, 2007. Influence of temperature on cracking and mechanical properties of wood during wood drying-A review [J]. BioResources, 2(4): 789-811.

Pallardy S G, 2008. Physiology of woody plants [M]. 3rd Ed, San Diego: Academic Press.

Park S, Venditti R A, Jameel H, et al., 2006. Changes in pore size distribution during the drying of cellulose fibers as measured by differential scanning calorimetry [J]. Carbohydrate Polymers, 66(1): 97-103.

Pesacreta T C, Hasenstein K H, 1999. The internal cuticle of *Cirsium horridulum* (Asteraceae) leaves [J]. American Journal of Botany, 86(7): 923-928.

Pieniazek S A, 1944. Physical characters of the skin in relation to apple fruit transpiration [J]. Plant Physiology, 19(3): 529-536.

Ploetze M, Niemz P, 2011. Porosity and pore size distribution of different wood types as determined by mercury intrusion porosimetry [J]. European Journal of Wood & Wood Products, 69(4): 649-657.

Reinecke S A, Sleep B E, 2002. Knudsen diffusion, gas permeability, and water content in an unconsolidated porous medium [J]. Water Resources Research, 38(12): 1280.

Riggin M, Sharp A, KaiserR, et al., 1979. Transverse NMR relaxation of water in wood [J]. Journal of Applied Polymer Science, 23(11): 3147-3154.

Rosner S, Klein A, Mueller U, et al., 2007. Hydraulic and mechanical properties of young Norway spruce clones related to growth and wood structure [J]. Tree Physiology, 27(8): 1165-1178.

Ryan M G, Phillips N, Bond B J, 2006. The hydraulic limitation hypothesis revisited [J]. Plant, Cell & Environment, 29(3): 367-381.

Sadras V O, Montoro A, Moran M A, et al., 2012. Elevated temperature altered the reaction norms of stomatal conductance in field-grown grapevine [J]. Agricultural & Forest Meteorology, 165: 35-42.

Salleo S, Gullo M A L, Paoli D d, et al., 1996. Xylem recovery from cavitation-induced embolism in young plants of *Laurus nobilis*: A possible mechanism [J]. New Phytologist, 132(1): 47-56.

Salleo S, Lo Gullo M A, Trifilo P, et al. , 2004. New evidence for a role of vessel-associated cells and phloem in the rapid xylem refilling of cavitated stems of *Laurus nobilis* L [J]. Plant Cell and Environment, 27(8): 1065-1076.

Salleo S, Trifilo P, Esposito S, et al. , 2009. Starch-to-sugar conversion in wood parenchyma of field-growing *Laurus nobilis* plants: a component of the signal pathway for embolism repair? [J]. Functional Plant Biology, 36(9): 815-825.

Sasaki M, Kawai T, Hirai A, et al. , 1960. A study of sorbed water on cellulose by pulsed NMR technique [J]. Journal of the Physical Society of Japan, 15(9): 1652-1657.

Schaffner A R, 1998. Aquaporin function, structure, and expression: are theremore surprises to surface in water relations? [J]. Planta, 204(2): 131-139.

Scholander P F, Hammel H T, Bradstreet E D, et al. , 1965. Sap pressure in vascular plants [J]. Science, 148(3668): 339-346.

Secchi F, Zwieniecki M A, 2010. Patterns of PIP gene expression in *Populus trichocarpa* during recovery from xylem embolism suggest a major role for the PIP1 aquaporin subfamily as moderators of refilling process [J]. Plant Cell & Environment, 33(8): 1285-1297.

Secchi F, Zwieniecki M A, 2011. Sensing embolism in xylem vessels: the role of sucrose as a trigger for refilling [J]. Plant Cell & Environment, 34(3): 514-524.

Sekhar A C, 2012. Update of innovations in wood science [C]// Nadagouda M, Connelly M, Derin B, et al. , Key Engineering Materials, 521: 179-182.

Shmulsky R, Jones P D, 2011. Wood and Water[M]// Forest Products and Wood Science-An Introduction. 6th ed. Wiley-Blackwell: 141-174.

Skaar C, 1972. Water in wood[M]. Syracuse, New York: Syracuse University Press.

Sparks J P, Black R A, 1999. Regulation of water loss in populations of *Populus trichocarpa*: the role of stomatal control in preventing xylem cavitation [J]. Tree Physiology, 19(7): 453-459.

Sperry J, Alder N, Eastlack S, 1993. The effect of reduced hydraulic conductance on stomatal conductance and xylem cavitation [J]. Journal of Experimental Botany, 44(6): 1075-1082.

Sperry J, Pockman W, 1993. Limitation of transpiration by hydraulic conductance and xylem cavitation in *Betula occidentalis* [J]. Plant, Cell & Environment, 16(3): 279-287.

Stamm A J, 1967. Movement of fluids in wood—Part 1: Flow of fluids in wood [J]. Wood Science & Technology, 1: 122-141.

Stamm A J, 1979. Void structure and permeability of paper relative to that of wood [J]. Wood Science& Technology, 13: 41-47.

Stephane H, Herve C, 2010. Calcium is a major determinant of xylem vulnerability to cavitation [J]. Plant Physiology, 153(4): 1932-1939.

Steudle E, Murrmann M, Peterson C A, 1993. Transport of water and solutes across maize roots modified by puncturing the endodermis: further evidence for the composite transport model of the root [J]. Plant Physiology, 103(2): 335-349.

Stroock A D, Pagay V V, Zwieniecki M A, et al. , 2014. The physicochemical hydrodynamics of vascular plants [J]. Annual Review of Fluid Mechanics, 46: 615-642.

Sun Q, Rost T L, Matthews M A, 2008. Wound-induced vascular occlusions in *Vitis vinifera*(Vitaceae): Tyloses in summer and gels in winter[J]. American Journal of Botany, 95(12): 1498-1505.

Suurnäkki A, Li T Q, Buchert J, et al., 1997. Effects of enzymatic removal of xylan and glucomannan on the pore size distribution of kraft fibres [J]. Holzforschung, 51(1): 27-33.

Taiz L, Zeiger E, 2006a. Water and Plant Cells[M]// Plant Physiology. Sunderland, MA: Sinauer Associates: 37-52.

Taiz L, Zeiger E, 2006b. Water Balance of Plants [M]// Plant Physiology. Sunderland, MA: Sinauer Associates: 53-71.

Tanton T W, Crowdy S H, 1972. Water pathways in higher plants: iii. The transpiration stream within leaves [J]. Journal of Experimental Botany, 23(3): 619-625.

Telkki V V, Yliniemi M, Jokisaari J, 2013. Moisture in softwoods: fiber saturation point, hydroxyl site content, and the amount of micropores as determined from NMR relaxation time distributions [J]. Holzforschung, 67 (3): 291-300.

Tornroth-Horsefield S, Wang Y, Hedfalk K, et al., 2006. Structural mechanism of plant aquaporin gating [J]. Nature, 439(7077): 688-694.

Tyerman S D, Bohnert H J, Maurel C, et al., 1999. Plant aquaporins: their molecular biology, biophysics andsignificance for plant water relations [J]. Journal of Experimental Botany, 50(Special Issue): 1055-1071.

Tyree M, Yang S, 1990. Water-storage capacity of *Thuja*, *Tsuga* and *Acer* stems measured by dehydration isotherms [J]. Planta, 182(3): 420-426.

Tyree M T, 1970. The symplast concept a general theory of symplastic transport according to the thermodynamics of irreversible processes [J]. Journal of Theoretical Biology, 26(2): 181-214.

Tyree M T, Ewers F W, 1991. Tansley Review No. 34. The Hydraulic Architecture of Trees and Other Woody Plants [J]. New Phytologist, 119(3): 345-360.

Tyree M T, Karamanos A J, 1981. Water stress as an ecological factor [M]// Grace J, Ford E D, and Jarvis P G, Plants and Their Atmospheric Environment. Oxford: Blackwell Scientific Publications: 237-261.

Tyree M T, Salleo S, Nardini A, et al., 1999. Refilling of embolized vessels in young stems of laurel. Do we need a new paradigm? [J]. Plant Physiology, 120(1): 11-21.

Tyree M T, Sperry J S, 1988. Do woody plants operate near the pointof catastrophic xylem dysfunction caused by dynamic water stress? Answers from a model [J]. Plant Physiology, 88(3): 574-580.

Tyree M T, Yang S D, 1992. Hydraulic conductivity recovery versus water-pressure in xylem of acer-saccharum [J]. Plant Physiology, 100(2): 669-676.

Tyree M T, Yianoulis P, 1980. The site of water evaporation from sub-stomatal cavities, liquid path resistances and hydroactive stomatal closure [J]. Annals of Botany, 46(2): 175-193.

Tyree M T, Zimmermann M H, 2002. Xylem structure and the ascent of sap [M]. 2nd Editon: Springer Science & Business Media.

Vico G, Manzoni S, Palmroth S, et al., 2013. A perspective on optimal leaf stomatal conductance under CO_2 and light co-limitations [J]. Agricultural & Forest Meteorology, 182: 191-199.

Visser J, Vermass H, 1986. Biological-drying of *Pinus radiata* and *Eucalyptus cladocalyx* trees [J]. Journal of the Institute of Wood Science, 10(5): 197-201.

Wagner H J, Schneider H, Mimietz S, et al., 2000. Xylem conduits of a resurrection plant contain aunique lipid lining and refill following a distinct pattern after desiccation [J]. New Phytologist, 148(2): 239-255.

Wei C, Tyree M T, Steudle E, 1999. Direct measurement of xylem pressure in leaves of intact maize plants. A test of the cohesion-tension theory taking hydraulic architecture into consideration [J]. Plant Physiology, 121(4):

1191-1205.

Wheeler J K, Sperry J S, Hacke U G, et al., 2005. Inter-vessel pitting and cavitation in woody Rosaceae and other vesselled plants: a basis for a safety versusefficiency trade-off in xylem transport [J]. Plant Cell & Environment, 28(6): 800-812.

Willson R M, Wiesman Z, Brenner A, 2010. Analyzing alternative bio-waste feedstocks for potential biodiesel production using time domain(TD)-NMR [J]. Waste Management, 30(10): 1881-1888.

Wullschleger S D, Oosterhuis D M, 1989. The occurrence of an internal cuticle in cotton(*Gossypium hirsutum* L.) leaf stomates [J]. Environmental & Experimental Botany, 29(2): 229.

Wycoff W, Pickup S, Cutter B, et al., 2000. The determination of the cell size in wood by nuclear magnetic resonance diffusion techniques [J]. Wood & Fiber Science, 32(1): 72-80.

Xue Q W, Weiss A, Arkebauer T J, et al., 2004. Influence of soil water status and atmospheric vapor pressure deficit on leaf gas exchange in field-grown winter wheat [J]. Environmental & Experimental Botany, 51(2): 167-179.

Zimmermann U, Schneider H, Wegner L H, et al., 2004. Water ascent in tall trees: Does evolution of land plants rely on a highly metastable state? [J]. New Phytologist, 162(3): 575-615.

Zufferey V, Cochard H, Ameglio T, et al., 2011. Diurnal cycles of embolism formation and repair in petioles of grapevine(*Vitis vinifera* cv. Chasselas) [J]. Journal of Experimental Botany, 62(11): 3885-3894.

Zwieniecki M A, Holbrook N M, 1998. Diurnal variation in xylem hydraulic conductivity in white ash(*Fraxinus americana* L.), red maple (*Acer rubrum* L,) and red spruce (*Picea rubens* Sarg.) [J]. Plant Cell & Environment, 21(11): 1173-1180.

Zwieniecki M A, Holbrook N M, 2009. Confronting Maxwell's demon: biophysics of xylem embolism repair [J]. Trends in Plant Science, 14(10): 530-534.